행렬과 대수

석용징 지음

KM 경문사

머리말

일차 연립방정식의 풀이에 대하여 행렬을 이용하여 체계적으로 정리하면, 그 수학적 구조를 일반화하여 다룰 수 있다. 일차 연립방정식은 계수 행렬과 미지수 행렬(열벡터)의 곱으로 간단히 나타낼 수 있다. 우리는 행렬의 특성을 이용하면 벡터 해집합(또는 공간)에 대한 수학적 구조를 체계화할 수 있게 된다.

결과적으로 행렬(선형대수) 교재들을 살펴보면 행렬을 중심으로 전개하는 방식과 선형사상 표현을 중심으로 전개하는 두 가지 방식이 있다. '선형대수학' 또는 '행렬론'이라고 과목명을 혼용하여 사용하는 이유가 바로 그러한 이유 때문이다. 구태여 구별하자면 응용 계열에서는 주로 행렬 자체의 특성에 관심을 가지므로 '행렬론(Matrix Theory)'이라 하고, 선형사상의 대수적 체계에 대한 수학적 구조가 관심의 중심이면 '선형대수학(Linear Algebra)'이라 한다. 그런데 이러한 접근 방향의 차이로 인하여 교재별로 용어의 혼용, 기호의 차이, 논증 방법의 차이가 있다. 따라서 독자들은 관련 참고문헌을 볼 때 중심을 잃지 않도록 주의한다.

한편, 두 벡터 공간상의 선형사상은 매우 유용하고 중요한 개념이다. 그런데 선형사상에 대하여 그 표현행렬 $A=(a_{ij})$을 다음과 같이 대응시켜 생각할 수 있다. 이를테면, 벡터공간 R^n, R^m상의 모든 선형사상 $L: R^n \to R^m$은 임의의 $X \in R^n$에 대하여 $L(X) = AX$ 형태로 $m \times n$행렬 $A=(a_{ij})$의 곱으로 나타난다. 역으로, $m \times n$행렬 $A=(a_{ij})$에 대하여 대응 $L_A : X \to AX$를 연상하면, 선형사상 $L_A : R^n \to R^m$을 얻는다. 그러므로 선형사상에 대한 정리들은 행렬 버전으로 바꾸어 쓸 수 있다.

필자는 위와 같은 점들을 주의하여 교재를 구성하였다. 또한 선형대수 & 해석의 소제로 이차형식의 극값, 선형변환과 넓이, 등장 변환, 그리고 연속성 부등식을 이러한 목적의 부록으로서 상징적으로 달아 두었다. 그리고 응용 분야뿐만 아니라, 수학(미적분

학, 해석학)의 이론적 전개에 있어서도 선형대수의 기본적 개념들이 가장 중요한 도구가 되고 있음을 깨우치는 데 이 교재가 조금이나마 도움이 되기를 바란다.

교수-학습에 대하여

1. 초보적인 접근 방식에 따른 전개 순서를 택한다.
   일차 연립방정식의 풀이, 행렬, 벡터공간과 기저, 선형사상의 순서로 진행한다.
2. 몇 가지 개념(행렬식의 정의 등)이나 정리들(역행렬 등)은 구성적인 방법으로 한다.
   기교적이며 정교한 정의와 성질은 해설이 어려운 부분이 있다. 따라서 간단한 예시 등 초보적인 취급 방법으로 이해를 돕는다.
3. 전개 순서에 따른 논증의 방법이 다양하게 나타난다.
   논증 자체가 배울 가치가 있는 것이 아니거나 단원의 흐름에 도움이 되지 않는 것은 생략한다.

2017년 2월
강원대학교 사범대학
수학교육과 교수 석용징

차례

Chapter 1

연립일차방정식과 행렬

1.1 연립일차방정식

미지수 x_1, x_2, $\cdots$, x_n에 관한 일차방정식은 b와 계수 a_1, a_2, $\cdots$, a_n이 실수일 때, 다음과 같은 꼴로 나타내어지는 방정식이다.

$$a_1x_1 + a_2x_2 + \cdots + a_nx_n = b$$

일반적으로 미지수 x_1, x_2, $\cdots$, x_n에 관한 유한개의 일차방정식의 모임

$$\begin{aligned} a_{11}x_1 + a_{12}x_2 + \cdots + a_{1n}x_n &= b_1 \\ a_{21}x_1 + a_{22}x_2 + \cdots + a_{2n}x_n &= b_2 \\ &\vdots \\ a_{m1}x_1 + a_{m2}x_2 + \cdots + a_{mn}x_n &= b_m \end{aligned}$$

을 연립일차방정식이라 한다.

s_1, s_2, $\cdots$, s_n을 대입하여 각 방정식이 모두 성립할 때 $(s_1, s_2, \cdots, s_n)$을 이 연립방정식의 해라 한다. 이때 해를 벡터로 보아 **벡터해** vector solution 라 하기도 한다. 연립일차방정식의 해 전체의 집합을 해집합 solution set 이라 하며, 동일한 해집합을 가지는 두 연립방정식을 동치 equivalent 라고 한다.

일반적으로, 연립방정식에 대하여 다음 중 하나가 성립한다.

1. 해를 갖지 않는다.
2. 유일한 해를 갖는다.
3. 무수히 많은 해를 갖는다.

이를테면, 일차방정식 $ax + by = c$은 직선을 나타내는데, 두 직선이 평행하여 만나지 않거나, 한 점에서 만나거나, 일치하는 경우를 생각할 수 있다.

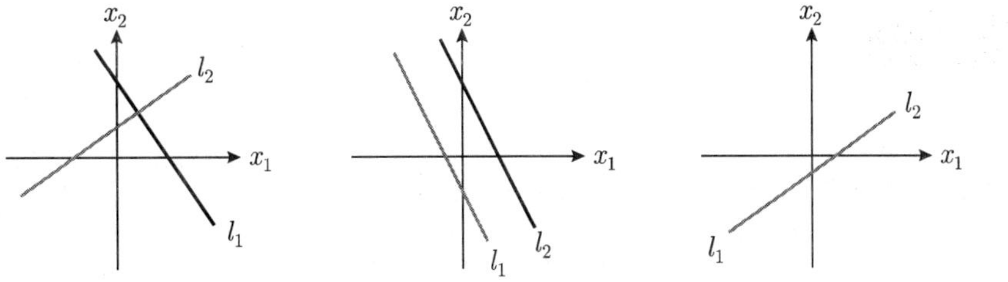

(a) A unique solution (b) No solution (c) Infinitely many solutions

연립방정식의 해법인 소거법에서 변수의 역할은 위치를 나타내는 역할 외에는 없다. 따라서 계수만을 표시하여 소거법을 적용할 수 있는데 이러한 방법을 가우스 Gauss 소거법이라 한다. 이때 행렬의 개념을 도입하면 편리하다.

1.2 행렬

실수(또는 복소수)를 다음과 같이 사각형 형태

$$A=\begin{pmatrix} a_{11} & a_{12} & \cdots & a_{1n} \\ a_{21} & a_{22} & \cdots & a_{2n} \\ & & \cdots & \\ a_{m1} & a_{m2} & \cdots & a_{mn} \end{pmatrix}$$

로 배열한 것을 **행렬** matrix 이라 한다. 이때 각각의 수 a_{ij}를 $ij-$항(또는 성분) ij-entry 이라 하며, 간단히 $A=(a_{ij})$로 쓰기도 한다.

A의 i행은 $(a_{i1},\ a_{i2},\ \cdots,\ a_{in})$. 행(벡터)의 형태로 m개가 있다.

A의 j열은 $\begin{pmatrix} a_{1j} \\ a_{2j} \\ \vdots \\ a_{mj} \end{pmatrix}$. 열(벡터)의 형태로 n개가 있다.

행렬 A의 크기를 $m\times n$이라 한다. 특히 $m=n$일 때 (n차) **정사각행렬** square matrix 이라 한다. 이때 $a_{11},\ a_{22},\ \cdots,\ a_{nn}$을 주대각선성분 main diagonal entries 이라 한다. $A\in M_{m\times n}$ 또는 $A\in M_{m,\,n}$로 나타낸다. 특히 $m=n$일 때 $A\in M_n$

정사각형 행렬 A의 주대각선성분 이외의 모든 성분이 0일 때, A를 **대각행렬**이라 한다.

$$A=\begin{pmatrix} a_{11} & 0 & \cdots & 0 \\ 0 & a_{22} & \cdots & 0 \\ & & \cdots & \\ 0 & 0 & \cdots & a_{nn} \end{pmatrix}$$

특히, 대각행렬에서 대각성분이 모두 같을 때 **스칼라행렬**이라 한다.

정의 상등

두 행렬 $A=(a_{ij})_{m\times n},\ B=(b_{ij})_{m\times n}$이 모든 i,j에 대하여 $a_{ij}=b_{ij}$일 때 $A=B$

정의 **합, 스칼라배**

두 행렬 $A=(a_{ij})_{m\times n}$, $B=(b_{ij})_{m\times n}$와 스칼라 k에 대하여 행렬합과 스칼라배는 각각

$$A+B=(a_{ij}+b_{ij})_{m\times n}$$

$$kA=(ka_{ij})_{m\times n}$$

정의 **행렬곱**

두 행렬 $A=(a_{ij})_{m\times n}$, $B=(b_{ij})_{n\times p}$에 대하여 행렬곱

$$AB=(c_{ij})_{m\times p}$$

여기서 $c_{ij}=\sum_{k=1}^{n} a_{ik}b_{kj}$ $1\le i\le m,\ 1\le j\le p$

$$\begin{bmatrix} a_{11} & a_{12} & \cdots & a_{1n} \\ a_{21} & a_{22} & \cdots & a_{2n} \\ \vdots & \vdots & & \vdots \\ a_{i1} & a_{i2} & \cdots & a_{in} \\ \vdots & \vdots & & \vdots \\ a_{m1} & a_{m2} & \cdots & a_{mn} \end{bmatrix} \begin{bmatrix} b_{11} & b_{12} & \cdots & b_{1j} & \cdots & b_{1p} \\ b_{21} & b_{22} & \cdots & b_{2j} & \cdots & b_{2p} \\ \vdots & \vdots & & \vdots & & \vdots \\ b_{n1} & b_{n2} & \cdots & b_{nj} & \cdots & b_{np} \end{bmatrix}$$

$$= \begin{bmatrix} c_{11} & c_{12} & \cdots & c_{1p} \\ c_{21} & c_{2} & \cdots & c_{2p} \\ \vdots & \vdots & c_{ij} & \vdots \\ c_{m1} & c_{m2} & \cdots & c_{mp} \end{bmatrix}$$

이제 행렬곱을 정의하였으므로 연립방정식으로 되돌아가보자.

$$\begin{aligned} a_{11}x_1 + a_{12}x_2 + \cdots + a_{1n}x_n &= b_1 \\ a_{21}x_1 + a_{22}x_2 + \cdots + a_{2n}x_n &= b_2 \\ &\vdots \\ a_{m1}x_1 + a_{m2}x_2 + \cdots + a_{mn}x_n &= b_m \end{aligned}$$

여기서

$$A = \begin{pmatrix} a_{11} & a_{12} & \cdots & a_{1n} \\ a_{21} & a_{22} & \cdots & a_{2n} \\ \vdots & & & \\ a_{m1} & a_{m2} & \cdots & a_{mn} \end{pmatrix} \quad X = \begin{pmatrix} x_1 \\ x_2 \\ \vdots \\ x_n \end{pmatrix} \quad B = \begin{pmatrix} b_1 \\ b_2 \\ \vdots \\ b_n \end{pmatrix}$$

로 나타내면 간단히

$$AX = B \qquad \cdots (1)$$

이때 행렬 A를 **계수행렬** coefficient matrix 이라 하고, A에 B를 붙여 나타낸 행렬

$$(A \,\vdots\, B) = \begin{pmatrix} a_{11} & a_{12} & \cdots & a_{1n} & \vdots & b_1 \\ a_{21} & a_{22} & \cdots & a_{2n} & \vdots & b_2 \\ \vdots & & & & \vdots & \vdots \\ a_{m1} & a_{m2} & \cdots & a_{mn} & \vdots & b_n \end{pmatrix}$$

을 연립방정식 $AX = B$에 해당하는 **첨가행렬** augmented matrix 이라 한다.

1.3 행렬 연산

연립방정식의 풀이를 체계화하기 위하여 행렬곱으로 나타내므로 우선 행렬 연산 중 **행렬곱**에 대한 정의를 하였다. 행렬곱의 정의를 생각하면

- 두 행렬의 곱 AB와 BA는 각각 행렬 A, B의 크기에 따라 정의될 수 있다. 또
- 각각이 정의되는 경우에도 일반적으로 $AB \neq BA$

임을 알 수 있다. 이를테면,

다음 정리의 증명은 행렬의 해당 성분이 서로 같음을 확인하면 충분하므로 생략하기로 한다.

정리

A, B, C는 아래의 각 연산이 정의되는 크기라 할 때, 스칼라 a, b에 대하여

(1) $A+B=B+A$

(2) $A+(B+C)=(A+B)+C$

(3) $A(BC)=(AB)C$

(4) $A(B+C)=AB+AC$

(5) $(B+C)A=BA+CA$

(6) $a(B+C)=aB+aC$

(7) $(a+b)C=aC+bC$

(8) $(ab)C=a(bC)$

(9) $a(BC)=(aB)C$

성분이 모두 0인 행렬을 영행렬이라 하고, 기호로 간단히 O라고 나타낸다.

임의의 행렬 A에 대하여 $A+O=O+A$가 성립된다. 즉, O는 행렬 연산에서 덧셈 항등원 identity 이 된다. 참고로 행렬 연산에서는 소거율 cancellation law

$$AB = AC \Rightarrow B = C$$

이 일반적으로 성립하지는 않는다. 특히

$$AB = O \Rightarrow A = O \text{ 또는 } B = O$$

가 성립하지 않는다.

정리 영행렬

(1) $A + O = A = O + A$

(2) $A - A = O$

(3) $O - A = -A$

(4) $AO = O = OA$

주 대각선 성분이 모두 1이고, 나머지 성분이 0인 n차의 스칼라 행렬을 단위 행렬 identity matrix 라 하고, 기호로 I_n이라 나타낸다.

$$I_n = \begin{pmatrix} 1 & 0 \cdots 0 \\ 0 & 1 \cdots 0 \\ \vdots & \\ 0 & 0 \cdots 1 \end{pmatrix}$$

A가 $m \times n$ 행렬일 때, 단위 행렬 I_m, I_n에 대하여

$$I_m A = A = A I_n$$

A가 n차 **정사각행렬**일 때,

$$A^0 = I_n, \; A^k = A \cdots A$$

를 나타내기로 한다.

정리 거듭제곱

$$A^r A^s = A^{r+s}, \; (A^r)^s = A^{rs}$$

정리

$A=(a_{ij})$에 대하여

$$A^T=(a_{ji})$$

를 A의 **전치행렬** transpose 이라 한다.

다음 정리의 증명은 간단하므로 연습으로 남긴다. 앞에서와 마찬가지로 해당 성분을 비교하면 충분하다.

정리 전치행렬

(1) $(A^T)^T=A$

(2) $(AB)^T=B^TA^T$

(3) $(kA)^T=k\ A^T$

(4) $(A+B)^T=A^T+B^T$

정의 대칭행렬, 반대칭행렬

$A^T=A$인 행렬 A를 **대칭행렬** symmetric matrix 이라 한다. $A^T=-A$인 행렬 A는 **반대칭행렬** skew-symmetric 이라 한다.

대칭행렬 A의 모든 i, j에 대해서 $a_{ij}=a_{ji}$이 된다.

한편 반대칭행렬 A의 모든 i, j에 대해서 $a_{ij}=-a_{ji}$이 된다.

참고 정사각행렬 A에 대해서 $A+A^T$는 항상 대칭행렬이 되고, $A-A^T$는 반대칭행렬이 된다. 한편 $A=\dfrac{(A+A^T)+[A-A^T]}{2}$이다.

1.4 가우스Gauss 소거법

연립일차방정식의 초보적인 풀이 방법인 소거법을 행렬을 이용하여 나타내고 체계화하여 보자.

이 방법은 주어진 연립일차방정식의 자리만을 나타내는 미지수를 생략하고 첨가행렬 augmented matrix의 형태로 나타내어 주어진 연립방정식과 주어진 것과 동치인 연립방정식에 해당하는 **행사다리꼴 형태**(row echelon form, 약자로 REF) 또는 기약 행사다리꼴(reduced row echelon form, 약자로 $RREF$)의 첨가행렬을 얻는 것이다.

이 형태에서 바로 해를 읽을 수 있는 것이다.

연립방정식의 첨가행렬을 REF로 변형하여 그 해를 구할 수 있다. 이러한 방법을 $Gauss$ 소거법이라고 한다. 한편 $RREF$로 변형하여 해를 구할 수도 있는데, 이 방법을 $Gauss$- $Jordan$(가우스 죠단) 소거법이라 한다.

예제 연립방정식 $x+y+2z=9,\ 2x+4y-3z=1,\ 3x+6y-5z=0$을 풀기 위한 과정을 나타내어 보자.

풀이 여기서는 다음과 같은 예시를 택하기로 한다. ■

1단계 첨가행렬

$$\begin{pmatrix} 1 & 1 & 2 & \vdots & 9 \\ 2 & 4 & -3 & \vdots & 1 \\ 3 & 6 & -5 & \vdots & 0 \end{pmatrix}$$

미지수를 생략하고 계수행렬과 우변으로 첨가행렬을 만든다. 앞으로는 가운데 줄은 생략하기로 한다.

2단계 행사다리꼴 형태로 바꾼다.

고안기호 첫 번째 방정식에 −2배하여 둘째 방정식에 더하는 것은 첨가행렬의 첫 행 R_1에 −2배하여 두 번째 행 R_2에 더하는 것과 같다. 조작 과정을 기호로 $R_2 \to -2R_1+R_2$ 또는 간단히 $-2R_1+R_2$로 쓴다. 여기서는 후자와 같이 쓰기로 한다.

$-2R_1+R_2$

$$\begin{pmatrix} 1 & 1 & 2 & 9 \\ 0 & 2 & -7 & -17 \\ 3 & 6 & -5 & 0 \end{pmatrix}$$

$-3R_1+R_3$을 하면

$$\begin{pmatrix} 1 & 1 & 2 & 9 \\ 0 & 2 & -7 & -17 \\ 0 & 3 & -11 & -27 \end{pmatrix}$$

$\frac{1}{2}R_2$을 하면

$$\begin{pmatrix} 1 & 1 & 2 & 9 \\ 0 & 1 & -\frac{7}{2} & -\frac{17}{2} \\ 0 & 3 & -11 & -27 \end{pmatrix}$$

$-3R_2+R_3$을 하면

$$\begin{pmatrix} 1 & 1 & 2 & 9 \\ 0 & 1 & -\frac{7}{2} & -\frac{17}{2} \\ 0 & 0 & -\frac{1}{2} & -\frac{3}{2} \end{pmatrix}$$

$-2R_3$을 하면 다음과 같이 행사다리꼴(REF)의 첨가행렬이 된다.

$$\begin{pmatrix} 1 & 1 & 2 & 9 \\ 0 & 1 & -\frac{7}{2} & -\frac{17}{2} \\ 0 & 0 & 1 & 3 \end{pmatrix}$$

3단계 동치인 연립방정식

행사다리꼴 형태의 첨가행렬은 주어진 연립방정식과 동치인 연립방정식

$$x+y+2z=9$$
$$y-\frac{7}{2}z=-\frac{17}{2}$$
$$z=3$$

을 나타내는 것이다. 이로부터 구하는 연립방정식의 해는 $z=3$, $y=2$, $x=1$임을 알 수 있다.

정의 *REF*

(1) 성분이 **모두 0인 행**이 존재하면 그 행은 맨 아래에 위치한다.

(2) 각 행에서 처음으로 나타나는 0 아닌 성분(**선행 성분**)은 1이다.

(3) $(i+1)$행에 선행성분은 i행의 선행성분보다 **오른쪽**에 위치한다.

의 형태인 행렬 E를 **행사다리꼴** row echelon form 이라 한다.

정의 *RREF*

행렬 E가 (1)~(3)을 만족하는 행사다리꼴 REF이고, 특히

(4) 어떤 행의 선행성분을 **제외한 나머지 성분**은 0

인 형태일 때 **기약 행사다리꼴** reduced row echelon form 이라 한다.

주어진 행렬을 기약 행사다리꼴로 바꾸는 기본 연산 방법을 알아보자.

고안기호 행렬 A에 대하여 i번째 행은 아래 첨자로 간단히 A_i로 나타내기로 한다.[1)]

기본 행연산 elementary row operations

E_1 : $A_i \Leftrightarrow A_j$ (i행과 j행의 교환)

E_2 : kA_i (i행에 스칼라배)

E_3 : $kA_i + A_j$ (i행에 스칼라배하여 j행에 더한다)

1) 여기서는 A의 j번째 열은 윗 첨자로 A^j로 나타낸다. 정사각 행렬의 거듭제곱과 혼동하지 않도록 한다.

정의 *row equivalent*

기본 행연산만으로 얻어지는 두 행렬을 **행동치** row equivalent 라 한다.

예제 $A=\begin{pmatrix} 0 & 2 & 1 & -1 \\ 2 & 4 & -2 & 2 \\ 3 & 5 & -5 & 1 \end{pmatrix}$와 행동치인 REF, RREF 꼴을 구하여 보자.

풀이 (풀이 과정은 다를 수 있으므로 생략하기로 한다.)

$$REF \begin{pmatrix} 1 & 0 & -1 & 1 \\ 0 & 1 & 2 & 2 \\ 0 & 0 & 1 & \frac{5}{3} \end{pmatrix}$$

$$RREF \begin{pmatrix} 1 & 0 & 0 & \frac{8}{3} \\ 0 & 1 & 0 & -\frac{4}{3} \\ 0 & 0 & 1 & \frac{5}{3} \end{pmatrix}$$

■

일반적으로 다음과 같은 용어로 정리할 수 있다.

정리

첨가행렬이 **행동치**인 두 연립방정식은 **동치**이다.[2)]

해와 자유변수

다음 연립방정식을 가우스 소거법으로 풀어보자.

$$\begin{aligned} x_1 + 3x_2 - 2x_3 \qquad\quad + 2x_5 \qquad\quad &= 0 \\ 2x_1 + 6x_2 - 5x_3 - 2x_4 + 4x_5 - 3x_6 &= -1 \end{aligned}$$

2) 연립방정식이 동치라는 뜻은 해집합이 같다는 의미이다.

$$\begin{aligned} 5x_3 + 10x_4 \quad\quad + 15x_6 &= 5 \\ 2x_1 + 6x_2 \quad\quad + 8x_4 + 4x_5 + 18x_6 &= 6 \end{aligned}$$

풀이 (풀이 과정은 다를 수 있으므로 생략한다.)

우선 첨가행렬은

$$\begin{pmatrix} 1 & 3 & -2 & 0 & 2 & 0 & \vdots & 0 \\ 2 & 6 & -5 & -2 & 4 & -3 & \vdots & -1 \\ 0 & 0 & 5 & 10 & 0 & 15 & \vdots & 5 \\ 2 & 6 & 0 & 8 & 4 & 18 & \vdots & 6 \end{pmatrix}$$

REF 꼴로 바꾸면

$$\begin{pmatrix} 1 & 3 & 0 & 4 & 2 & 0 & \vdots & 0 \\ 0 & 0 & 1 & 2 & 0 & 0 & \vdots & 0 \\ 0 & 0 & 0 & 0 & 0 & 1 & \vdots & \frac{1}{3} \\ 0 & 0 & 0 & 0 & 0 & 0 & \vdots & 0 \end{pmatrix}$$

이 행렬을 첨가행렬로 하는 연립방정식은

$$\begin{aligned} x_1 + 3x_2 \quad + 4x_4 + 2x_5 \quad &= 0 \\ x_3 + 2x_4 \quad &= 0 \\ x_6 &= \frac{1}{3} \end{aligned}$$

이므로 여기서 새로운 문자 $x_2 = r,\ x_4 = s.\ x_5 = t$로 나타내면
구하는 해벡터는

$$X = \begin{pmatrix} x_1 \\ x_2 \\ x_3 \\ x_4 \\ x_5 \\ x_6 \end{pmatrix} = \begin{pmatrix} -3r - 4s - 2t \\ r \\ -2s \\ s \\ t \\ \frac{1}{3} \end{pmatrix} \quad \text{단, } r,\ s,\ t\text{는 실수}$$

여기서 $r,\ s,\ t$는 **자유변수** free variabkes 라 하기도 한다. 앞과 같이 나타낸 해를 다음과 같이 고쳐 써보자.

$$\begin{pmatrix} -3r \\ r \\ 0 \\ 0 \\ 0 \\ 0 \end{pmatrix} + \begin{pmatrix} -4s \\ 0 \\ -2s \\ s \\ 0 \\ 0 \end{pmatrix} + \begin{pmatrix} -2t \\ 0 \\ 0 \\ 0 \\ t \\ 0 \end{pmatrix} + \begin{pmatrix} 0 \\ 0 \\ 0 \\ 0 \\ 0 \\ \frac{1}{3} \end{pmatrix}$$

로 쓸 수 있으므로

$$r\begin{pmatrix} -3 \\ 1 \\ 0 \\ 0 \\ 0 \\ 0 \end{pmatrix} + s\begin{pmatrix} -4 \\ 0 \\ -2 \\ 1 \\ 0 \\ 0 \end{pmatrix} + t\begin{pmatrix} -2 \\ 0 \\ 0 \\ 0 \\ 1 \\ 0 \end{pmatrix} + \begin{pmatrix} 0 \\ 0 \\ 0 \\ 0 \\ 0 \\ \frac{1}{3} \end{pmatrix}$$

벡터로 v_1, v_2, v_3 그리고 X_p로 쓰기로 하면 구하는 해집합 a solution set 의 원소는 간단히

$$X = rv_1 + sv_2 + tv_3 + X_p \text{ 단, } r, s, t\text{는 실수}$$

로 나타낼 수 있다. ■

1.5 역행렬

정사각행렬에 대한 역행렬을 알아보자.

정의 역행렬

정사각행렬 $A \in M_n$에 대하여

$$AB = BA = I_n$$

가 되는 행렬 B가 존재하면 행렬 A를 **가역** invertible 이라 하고, 행렬 B를 행렬 A의 역행렬 inverse matrix 이라 하고, 기호로 A^{-1}로 나타낸다. 이러한 B가 존재하지 않을 때 행렬 A를 **비가역** non-invertible 이라 한다.[3)]

정리

A의 역행렬은 유일하다.

증명 B, C가 A 역행렬이라면 $AB = I_n = BA$, $AC = I_n = CA$이므로

$$B = BI_n = B(AC) = (BA)C = I_n C = C$$ ■

정리

n차 정사각 행렬 A, B가 가역이고 스칼라 $k \neq 0$에 대해서

(1) $(A^{-1})^{-1} = A$

(2) $(AB)^{-1} = B^{-1}A^{-1}$

(3) $(A^T)^{-1} = (A^{-1})^T$

(4) $(kA)^{-1} = \frac{1}{k}A^{-1}$

3) 행렬 A를 **정칙행렬**(*non-singular matrix*)이라 한다. 참고로 역행렬을 갖는 행렬 A는 선형사상 $L_A : X \to AX$를 생각하여 **가역**(*invertible*)이라 한다. (5.1절 참조)

증명 **(2)의 증명**

$(AB)(B^{-1}A^{-1}) = A(BB^{-1})A^{-1} = AI_nA^{-1} = I_n$. 마찬가지로

$$(B^{-1}A^{-1})(AB) = I_n$$

(3)의 증명

$(A^{-1})^T A^T = (AA^{-1})^T = I_n$. 마찬가지로 $A^T(A^{-1})^T = I_n$. ■

2×2 행렬 $A = \begin{pmatrix} a & b \\ c & d \end{pmatrix}$에 대한 역행렬은 형태가

$$A^{-1} = \frac{1}{ad-bc}\begin{pmatrix} d & -b \\ -c & a \end{pmatrix}$$

임을 알 수 있다. 따라서 역행렬이 정의되려면 $ad-bc \neq 0$ 조건이 필요하다. 일반적인 역행렬의 형태를 나중에 구하는데 행렬식 $|A| \neq 0$가 역행렬이 정의될 조건임을 알 수 있다. 자세한 내용은 **행렬식**과 **역행렬 공식**에서 다루기로 한다.

연습문제 1.5

1. A가 n차 정사각행렬일 때 다음을 증명하라.

(1) AA^T는 대칭행렬

(2) A는 대칭행렬과 반대칭행렬의 합으로 나타낼 수 있다.

2. A, B가 n차 정사각행렬일 때, 다음이 성립함을 보여라.

(1) $tr(A^T) = tr(A)$

(2) $tr(kA) = k\ tr(A)$

(3) $tr(A+B) = tr(A) + tr(B)$

(4) $tr(BA) = tr(AB)$

정의

A가 정사각행렬일 때 A의 주대각선 성분을 더한 것을 A의 **대각합** trace 이라 하고 $tr(A)$로 나타낸다.

3. 다음 행렬 A의 역행렬이 존재하기 위한 a의 값을 구하고, 그 때 A^{-1}를 구하라.

$$A=\begin{pmatrix} 1 & 1 & 0 \\ 1 & 0 & 0 \\ 1 & 2 & a \end{pmatrix}$$

답 $A^{-1}=\begin{pmatrix} 0 & -1 & 0 \\ 1 & -1 & 0 \\ \frac{-2}{a} & \frac{1}{a} & \frac{1}{a} \end{pmatrix}$

4. n차의 정사각형렬 A가 가역일 때

(1) k가 임의의 자연수일 때, A^k는 가역임을 보여라.

(2) $A^3-2A^2+3A-I_n=O$를 만족할 때 $A^{-1}=A^2-2A+3I_n$임을 보여라.

1.6 연립방정식의 해와 행렬

(계수)행렬의 가역성과 연립방정식 풀이의 관계를 알아보기로 하자.

정리

A가 가역행렬일 때 연립방정식 $AX=B$는 유일한 해를 가진다.

증명 $X=A^{-1}B$ ■

정리

A가 정칙행렬이면, $AX=O$는 자명한 해만 가진다.4)

증명 $X=A^{-1}O=O$ ■

동차 연립일차방정식 $AX=O$은 항상 해 $X=O$를 갖는다. 따라서 **자명한 해** trivial solution 라 한다. $X\neq O$인 해를 **비자명해** non-trivial solution 라고 하는데, 동차 연립일차방정식의 비자명해 존재에 대하여 알아보자. 정사각행렬 A에 대하여 A가 가역행렬일 때 $AX=O$는 자명한 해만 가지므로 자명하지 않은 해를 가지려면 A^{-1}가 정의되지 않아야 한. 즉, A가 비가역행렬이라야 한다.

일반적으로, 동차 연립일차방정식의

방정식의 개수 : m, 미지수의 개수 : n

로 나타낼 때

$$\begin{gathered} a_{11}x_1+a_{12}x_2+\cdots+a_{1n}x_n=b_1 \\ a_{21}x_1+a_{22}x_2+\cdots+a_{2n}x_n=b_2 \\ \vdots \\ a_{m1}x_1+a_{m2}x_2+\cdots+a_{mn}x_n=b_m \end{gathered}$$

4) ($n=m$인 경우) A는 정사각행렬

에서 실수 b_1, b_2, $\cdots$, b_n이 모두 0이면 동차 homogeneous 방정식이라 하고, 그렇지 않으면 비동차 non-homogeous 방정식이라 한다. 즉, 동차 연립방정식은 일반적으로

$$\begin{aligned} a_{11}x_1 + a_{12}x_2 + \cdots + a_{1n}x_n &= 0 \\ a_{21}x_1 + a_{22}x_2 + \cdots + a_{2n}x_n &= 0 \\ &\vdots \\ a_{m1}x_1 + a_{m2}x_2 + \cdots + a_{mn}x_n &= 0 \end{aligned} \qquad \cdots (1)$$

이므로 앞에서와 같이 간단히

$$AX = O$$

로 나타낸다. 비동차 연립방정식은 $B = \begin{pmatrix} b_1 \\ b_2 \\ \vdots \\ b_n \end{pmatrix}$로 쓰면 간단히

$$AX = B$$

동차 연립방정식 (1)은 항상 자명한 해를 가지며

(1) 자명한 해만 갖는 경우, 그리고
(2) 무수히 많은 해를 갖는 경우

의 두 가지 경우로 나뉜다. 다음 정리는 어떤 동차 연립방정식이 비자명 해를 갖는지 알려 준다. 이 경우 (2)의 경우로 무수히 많은 해를 갖게 된다.

정리

$m < n$인 동차 연립일차방정식 (1)은 **항상 비자명해** non-trivial solution 를 가진다.

풀이

$$[E \mid O] = \begin{pmatrix} 1 & & & b_{1\,k+1} & \cdots & b_{1n} & 0 \\ & 1 & & b_{2\,k+1} & \cdots & b_{2\,n} & 0 \\ & & \ddots & \vdots & & \vdots & \vdots \\ & & 1 & b_{k\,k+1} & \cdots & b_{k\,n} & 0 \\ 0 & \cdots & 0 & 0 & \cdots & 0 & 0 \\ \vdots & & \vdots & \vdots & & \vdots & \vdots \\ 0 & \cdots & 0 & 0 & \cdots & 0 & 0 \end{pmatrix}$$

$AX = O$에 대한 첨가행렬 $(E : O)$를 기본 행연산을 통하여 $RREF$ 꼴로 바꾼 형태를 $(E : O)$ 라 쓰면, E에서 O이 아닌 행의 개수 $k\ (\leq m)$가 된다. 따라서 해당 연립일차방정식을 생각하면 해는 $n-k > m-k\ (\geq 0)$개의 **자유 변수** free variables 를 포함하게 된다.5) ■

연습문제 1.6

1. 다음 연립방정식이 해를 갖기 위한 a, b, c의 조건을 구하라.

$$\begin{aligned} x + 2y \ - 3z &= a \\ 2x + 6y - 11z &= b \\ 2x - 4y + 14z &= 2c \end{aligned}$$

답 $-10a+4b+2c=0$

2. 다음 연립방정식이 각각 다음과 같을 a의 조건을 구하라.

$$\begin{aligned} x_1 \qquad\qquad + x_3 &= 4 \\ 2x_1 + x_2 \qquad + 3x_3 &= 7 \\ -3x_1 - 3x_2 + (a^2 - 5a)x_3 &= a - 11 \end{aligned}$$

5) 부정(*Indefinite*)이라 한다.

(1) 해를 갖지 않는다.
(2) 유일한 해를 갖는다.
(3) 무수히 않은 해를 갖는다.

답 (1) $a=3$ (2) $a\neq 3, 2$ (3) $a=2$

3. 동차연립방정식

$$(a-\lambda)x+b\,y=0$$
$$c\,x+(d-\lambda)\,y=0$$

이 비자명 해 non-trivial solution 를 갖기 위한 조건은 $(a-\lambda)(d-\lambda)-bc=0$임을 보여라.

연립일차방정식 해의 구성

$m<n$인 형태의 동차 방정식 $AX=O$는 무수히 많은 해를 가진다. 동차 연립일차방정식의 해를 **일반해**라 하고, 기호로 X_c, 즉

$$A\,X_c=O$$

로 쓴다.[6)]

한편, 비동차 연립일차방정식의 해가 존재하는 경우 그 중 하나를 **특수해** a particular solution 라 하고, 기호로 X_p, 즉

$$A\,X_p=B.$$

따라서 연립일차연립방정식의 임의의 해는 다음과 같은 체계화할 수 있다.

6) 일반해에는 자유변수를 포함하게 된다. (4.4절 해설 참조)

정리 해의 구성

$AX=B$의 모든 해 X는

$$X=X_c+X_P$$

증명 $X-X_P$를 생각하면

$$A(X-X_p)=AX-AX_p=B-B=O$$

따라서 $X-X_p=X_c$, 즉 $X=X_c+X_p$.[7) ■

7) 해와 자유변수 단원 예를 참조. X_c의 첨자 c는 complement(보) X_p의 첨자 p는 particular.

Chapter 2

행렬식

2.1 행렬식 determinant

행렬식은 행렬에 대하여 하나의 실수값을 매기는 어떤 방법으로

1) 연립방정식의 풀이
2) 행렬의 성질 즉, 선형사상의 성질들

을 체계화하여 선형대수를 이론화하는 데 편리한 도구이다.

행렬식의 정의에 포함된 치환 a permutation 에 대하여 먼저 알아보자.

정의

집합 $S=\{1, 2, \cdots, n\}$ 상의 일대일 대응 함수를 **치환**이라 한다.

즉, 일대일 대응 $\sigma : S \to S$는 치환이므로 $\sigma = \begin{pmatrix} 1 & 2 & \cdots & n \\ \sigma(1) & \sigma(2) & \cdots & \sigma(n) \end{pmatrix}$, 더 간단히 두 번째 행으로 그 대응을 나타낼 수 있으므로 $\sigma = (j_1, j_2, \cdots, j_n)$ 꼴로 나타내기로 한다.

함수의 개수는 처음 n가지 대응 선택에 대하여 일대일 대응이므로 두 번째는 $(n-1)$가지의 대응 선택이 남고, 이것을 반복하면 일대일 대응 함수의 가짓수는 총 $n(n-1)\cdots 2 \cdot 1 = n!$가 된다. $S=\{1, 2, \cdots, n\}$ 상의 치환 전체의 집합을 기호로 S_n이라고 나타낸다. 즉, $S_n = \{\sigma \mid \text{일대일 대응 } \sigma : S \to S\}$.

예제 (1) $S=\{1, 2\}$ 상의 치환은
$\sigma_1 = (1, 2)$와 $\sigma_2 = (2, 1)$뿐이다.

예제 (2) $S=\{1, 2, 3\}$ 상의 치환은 다음 6가지이다.
$\sigma_1 = (1, 2, 3)$, $\sigma_2 = (2, 3, 1)$, $\sigma_3 = (3, 1, 2)$.
$\sigma_4 = (1, 3, 2)$, $\sigma_5 = (2, 1, 3)$, $\sigma_6 = (3, 2, 1)$

정의 **반전, 짝(홀)치환**

치환의 표시에서 큰 수가 작은 수 보다 앞에 나타난 것을 반전이라 하는데 반전의 총 횟수를 세어 짝수번이면 **짝치환** even permutation, 홀수번이면 **홀치환** odd permutation 이라 한다.

치환	반전의 개수	분류
(1 2 3)	0	짝치환
(2 3 1)	2(2 1, 3 1)	짝치환
(3 1 2)	2(3 1, 3 2)	짝치환
(1 3 2)	1(3 2)	홀치환
(2 1 3)	1(2 1)	홀치환
(3 2 1)	3(3 2, 3 1, 2 1)	홀치환

정의

$sgn : S_n \to \{+1, -1\}$

$$sgn(\sigma) = \begin{cases} +1, & \sigma \text{ 짝치환} \\ -1, & \sigma \text{ 홀치환} \end{cases}$$

을 **부호함수**라 한다.

다음 정리는 정교한 세기 counting 가 필요하므로 증명은 생략하기로 한다.

정리

치환 σ의 두 수만 자리를 바꾼 치환 τ에 대하여

$$sgn(\tau) = -sgn(\sigma)$$

증명의 개요

τ와 σ내의 반전의 개수는 항상 홀수 개만큼 차이가 난다. ■

n차 정사각 행렬 $A=(a_{ij})$에 대하여 어떤 실수값을 매기는 방법, 행렬식 determinant은 다음과 같이 정의한다. A의 행렬식은 기호로 $det\ A$, 간단히 $|A|$로 쓴다.

정의 행렬식

$$det\ A=\sum_{\sigma\in S_n} sgn(\sigma)\ a_{1\sigma(1)}a_{2\sigma(2)}\cdots a_{n\sigma(n)}$$

예제 $A=\begin{pmatrix} a_{11} & a_{12} \\ a_{21} & a_{22}\end{pmatrix}$의 행렬식은 $a_{11}a_{22}-a_{12}a_{21}$임을 안다. 정의를 사용하여 확인하여 보자.

풀이

$$\det A = sgn(\sigma_1)a_{1\sigma_1(1)}a_{2\sigma_1(2)}+sgn(\sigma_2)a_{1\sigma_2(1)}a_{2\sigma_2(2)}$$

그런데 $\sigma_1=\begin{pmatrix} 1 & 2 \\ 1 & 2\end{pmatrix}=Id$[1] 따라서 $sgn(\sigma_1)=+1$

$\sigma_2=\begin{pmatrix} 1 & 2 \\ 2 & 1\end{pmatrix}=(2,1)$ 따라서 $sgn(\sigma_2)=-1$ ■

마찬가지로 3×3의 행렬식은 다음과 같음을 알 수 있다.

예제 $A=\begin{pmatrix} a_{11} & a_{12} & a_{13} \\ a_{21} & a_{22} & a_{23} \\ a_{31} & a_{32} & a_{33}\end{pmatrix}$의 행렬식을 구하여 보자.

풀이 그런데 앞의 예제에서 $S=\{1, 2, 3\}$ 상의 치환은 다음 6가지이다.

$$\sigma_1=(1,2,3),\ \sigma_2=(2,3,1),\ \sigma_3=(3,1,2).$$
$$\sigma_4=(1,3,2),\ \sigma_5=(2,1,3),\ \sigma_6=(3,2,1)$$

따라서

$$det\,(A)=sgn(\sigma_1)a_{1\,\sigma_1(1)}a_{2\,\sigma_1(2)}a_{3\,\sigma_1(3)}$$
$$+\,sgn(\sigma_2)a_{1\,\sigma_2(1)}a_{2\,\sigma_2(2)}a_{3\,\sigma_2(3)}$$

1) Id는 Identity(항등사상)의 약자.

$$\vdots$$

$$+ sgn(\sigma_6)\, a_{1\,\sigma_6(1)} a_{2\,\sigma_6(2)} a_{3\,\sigma_6(3)} \qquad \blacksquare$$

앞의 도표에서 각각의 치환 부호를 생각하면

$$\begin{aligned} det\,(A) = \ & a_{11}a_{22}a_{33} + a_{12}a_{23}a_{31} + a_{13}a_{21}a_{32} \\ & - a_{11}a_{23}a_{32} - a_{12}a_{21}a_{33} - a_{13}a_{22}a_{31} \end{aligned}$$

이것도 기억하기 편리하게 화살표 그림을 이용하면 편리하다. 오른쪽 방향 화살표를 따라 3개의 곱들은 +부호, 왼쪽 방향의 화살표를 따라 3개씩 곱은 −부호를 붙인다. 이 방법을 사루스의 방법이라 한다.[2)]

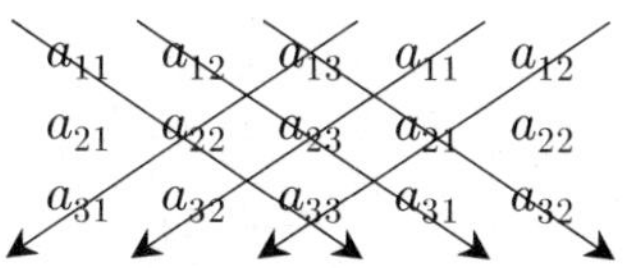

4차 이상의 행렬식을 정의에 따라 계산하려면 $4!(=24)$개의 항들의 합으로 나타나므로 실제로 정의에 따라 계산하는 것은 매우 어려운 일이다.

정의를 잘 살펴보면 주어진 행렬을 행렬식은 변하지 않는 행렬로 바꾸는 조작을 알 수 있다. 따라서 이 조작 방법을 잘 이용하여 주어진 행렬을 보다 간편하게 행렬식을 구할 수 있는 행렬로 바꾸어 계산하게 된다.

행렬식의 성질과 계산

정사각행렬 A에 대하여, 앞의 행렬식 정의로부터 다음을 간단히 알 수 있다. 증명을 기호로 쓰는 것이 번거로운 일이므로 생략하기로 한다.

2) *Sarrus* 방법은 3차 행렬식을 쉽게 나타낸 것이다.

행렬식의 성질

D_1		$\lvert A \rvert = \lvert A^T \rvert$
D_2	A의 두 행을 교환한 행렬을 B라 할 때,	$\lvert B \rvert = -\lvert A \rvert$
D_3	두 행이 일치할 때,	$\lvert A \rvert = 0$
D_4	한 행이 O일 때,	$\lvert A \rvert = 0$
D_5	한 행에 k배를 한 것을 B라 할 때,	$\lvert B \rvert = k\lvert A \rvert$
D_6	한 행에 k배를 하여 다른 행에 더한 행렬을 B라 할 때,	$\lvert B \rvert = \lvert A \rvert$

그리고 예를 들어

$$D_7 \quad \begin{vmatrix} a_1 & a_2 & a_3 \\ b_1+c_1 & b_2+c_2 & b_3+c_3 \\ c_1 & c_2 & c_3 \end{vmatrix} = \begin{vmatrix} a_1 & a_2 & a_3 \\ b_1 & b_2 & b_3 \\ c_1 & c_2 & c_3 \end{vmatrix} + \begin{vmatrix} a_1 & a_2 & a_3 \\ c_1 & c_2 & c_3 \\ c_1 & c_2 & c_3 \end{vmatrix}$$

같이 한 행이 두 개의 합으로 된 경우에는 행렬식 정의를 생각하면, 나누어짐을 간단히 알 수 있다.

정의

주대각선 성분 아래의 성분이 모두 0인 정사각 행렬을 **상삼각** upper triangular 행렬이라 한다. 주대각선 성분 위쪽의 성분이 모두 0인 정사각 행렬을 **하삼각** lower triangular 행렬이라 한다. 이를 통틀어 **삼각행렬** trinagular matrix 이라 하는데, 그 행렬식은 정의로부터 바로 알 수 있다.

$$\begin{bmatrix} a_{11} & a_{12} & a_{13} & a_{14} \\ 0 & a_{22} & a_{23} & a_{24} \\ 0 & 0 & a_{33} & a_{34} \\ 0 & 0 & 0 & a_{44} \end{bmatrix}, \quad \begin{bmatrix} a_{11} & 0 & 0 & 0 \\ a_{21} & a_{22} & 0 & 0 \\ a_{31} & a_{32} & a_{33} & 0 \\ a_{41} & a_{42} & a_{43} & a_{44} \end{bmatrix}$$

정리

n차 삼각행렬 A의 행렬식은 주대각성분의 곱이다. 즉,

$$|A| = a_{11}a_{22}\cdots a_{nn}$$

예제 $A = \begin{pmatrix} 0 & 1 & 5 \\ 3 & -6 & 9 \\ 2 & 6 & 1 \end{pmatrix}$의 행렬식을 삼각행렬로 바꾸어 구하여 보자.

풀이

$$|A| = det\begin{pmatrix} 0 & 1 & 5 \\ 3 & -6 & 9 \\ 2 & 6 & 1 \end{pmatrix}$$

$$= -\begin{vmatrix} 3 & -6 & 9 \\ 0 & 1 & 5 \\ 2 & 6 & 1 \end{vmatrix} \qquad R_1 \leftrightarrow R_2$$

$$= -3\begin{vmatrix} 1 & -2 & 3 \\ 0 & 1 & 5 \\ 2 & 6 & 1 \end{vmatrix} \qquad 3R_1$$

$$= -3\begin{vmatrix} 1 & -2 & 3 \\ 0 & 1 & 5 \\ 0 & 10 & -5 \end{vmatrix} \qquad -2R_1 + R_3$$

$$= -3\begin{vmatrix} 1 & -2 & 3 \\ 0 & 1 & 5 \\ 0 & 0 & -55 \end{vmatrix} \qquad -10R_2 + R_3$$

$$= (-3)(-55)(1)(1) = 165$$

■

n차 정사각행렬 A, B의 곱 AB의 행렬식에 대한 기본 정리이다. 그 증명은 행렬식이 가지는 함수적 특성을 이용하는 것이다. 전개의 흐름을 끊지 않기 위해서 논증은 생략하기로 한다. (참고도서 참조)

정리

$$|A\,B| = |A|\,|B|$$

따라서 직접적인 결과로 다음을 얻는다.

정리

$|A| \neq 0$일 때,

$$|A^{-1}| = \frac{1}{|A|}$$

증명 $AA^{-1} = I_n$이므로

$$|AA^{-1}| = |I_n| = 1$$

앞 정리에 따라 $|AA^{-1}| = |A||A^{-1}|$ ■

2.2 행렬식과 여인자 전개

행렬식을 정의에 따라 구하는 것은 번거로운 일이다. 이 절에서는 행렬식을 직접 계산하는 데 편리하고 이론적으로도 중요한 방법을 소개하고, 그것을

- 역행렬의 계산
- 연립일차방정식의 풀이 공식

에 응용하기로 한다.

행렬 A의 i행, j열을 제거한 **소행렬** minor matrix 을 $A(i|j)$로 쓰고, 그 행렬식에 부호를 붙인 $A_{ij}=(-1)^{i+j}\ |A(i|j)|$를 항 a_{ij}에 대한 **여인자**餘因子 cofactor 라 한다.

정의 수반행렬

$(A_{ji})=(A_{ij})^T$를 행렬 A에 대한 **수반행렬** adjoint matrix 이라 한다. 기호로 $adj\ A$로 쓴다.

예제 $A=\begin{pmatrix} 3 & -2 & 1 \\ 5 & 6 & 2 \\ 1 & 0 & -3 \end{pmatrix}$에 대한 **수반행렬**을 구하여 보자.

풀이 이를테면 $A_{32}=(-1)^{3+2}\ A(3|2)$

$$= -\begin{vmatrix} 3 & 1 \\ 5 & 2 \end{vmatrix} = -1$$

는 수반행렬 $adj\ A$의 2행, 3열 항이다. 같은 방법으로 구하는 수반행렬은

$$adj\ A=\begin{pmatrix} -18 & -6 & -10 \\ 17 & -10 & -1 \\ -6 & -2 & 28 \end{pmatrix}$$ ■

3×3 행렬 A에 대하여

$$A \cdot adj\ A = \begin{pmatrix} a_{11} & a_{12} & a_{13} \\ a_{21} & a_{22} & a_{23} \\ a_{31} & a_{32} & a_{33} \end{pmatrix} \cdot \begin{pmatrix} A_{11} & A_{21} & A_{31} \\ A_{12} & A_{22} & A_{32} \\ A_{13} & A_{23} & A_{33} \end{pmatrix}$$

$$= \begin{pmatrix} \sum_{k=1}^{3} a_{1k}A_{1k} & \sum_{k=1}^{3} a_{1k}A_{2k} & \sum_{k=1}^{3} a_{1k}A_{3k} \\ \sum_{k=1}^{3} a_{2k}A_{1k} & \sum_{k=1}^{3} a_{2k}A_{2k} & \sum_{k=1}^{3} a_{2k}A_{3k} \\ \sum_{k=1}^{3} a_{3k}A_{1k} & \sum_{k=1}^{3} a_{3k}A_{2k} & \sum_{k=1}^{3} a_{3k}A_{3k} \end{pmatrix}$$

그런데

$$\sum_{k=1}^{3} a_{ik} A_{jk} = \begin{cases} |A|, & i = j \\ 0, & i \neq j \end{cases} \quad \cdots \bigstar$$

임을 알 수 있다. 앞에서

(1) $i = j$일 때, 즉 $\sum_{k=1}^{3} a_{ik} A_{ik}$

이는 행렬식의 i행 여인자 전개이다. 3차의 정사각행렬의 행렬식은

$$\begin{aligned} |A| &= a_{11}(a_{22}a_{33} - a_{23}a_{32}) + a_{21}(a_{13}a_{32} - a_{12}a_{33}) + a_{31}(a_{12}a_{23} - a_{13}a_{22}) \\ &= a_{11}A_{11} + a_{21}A_{21} + a_{31}A_{31} \end{aligned}$$

로 고쳐 쓸 수 있다. 이것은 행렬 A의 1열 $\begin{pmatrix} a_{11} \\ a_{21} \\ a_{31} \end{pmatrix}$에 관한 여인자 전개 cofactor expansion 이다. 실제로 행렬식의 정의를 잘 생각해보면 임의의 열(또는 행)에 대한 여인자 전개로 고쳐 쓸 수 있다. 이와 같이 이 행렬식을 구할 때 한 행이나 한 열에 대하여 **여인자 전개**를 하는 것을 **라플라스 Laplace 전개**라 한다.

정리 행렬식의 여인자 전개

n차의 정사각 행렬 A

$$|A| = a_{i1}A_{i1} + a_{i2}A_{i2} + \cdots + a_{in}A_{in}$$ i**행 여인자 전개**

또는

$$|A| = a_{1j}A_{1j} + a_{2j}A_{2j} + \cdots + a_{nj}A_{nj}$$ j**열 여인자 전개**

한편, (2) $i \neq j$인 경우, 예를 들어 $\sum_{k=1}^{3} a_{1k}A_{3k}$를 살펴 보자.

이를테면

$$\begin{aligned}\sum_{k=1}^{3} a_{1k}A_{3k} &= a_{11}A_{31} + a_{12}A_{32} + a_{13}A_{33} \\ &= \begin{vmatrix} a_{11} & a_{12} & a_{13} \\ a_{11} & a_{12} & a_{13} \\ a_{21} & a_{22} & a_{23} \end{vmatrix} \text{의 1행 전개} \\ &= 0 \ (\text{두 행이 같은 행렬식})\end{aligned}$$

따라서 ★에 따라

$$A\,(adj\ A) = \begin{pmatrix} |A| & 0 & 0 \\ 0 & |A| & 0 \\ 0 & 0 & |A| \end{pmatrix} = |A|\, I_3$$

임을 알 수 있다. 즉,

$$A \cdot \left(\frac{1}{|A|}\, adj\ A\right) = I_3$$

이므로 $|A| \neq 0$일 때

$$A^{-1} = \frac{1}{|A|}\, adj\, A$$

정리 역행렬 공식

$|A| \neq 0$일 때

$$A^{-1} = \frac{1}{|A|}\, adj\, A$$

역행렬 공식에 포함된 항 $|A|$은 앞에서 언급한 바와 같이 크기가 4×4만 되어도 계산하기가 번거롭다.[3] 그러나 이 공식은 역행렬을 이론적으로 표현하기에 적합한 간결한 표현임을 알 수 있다.

예제 $A=\begin{pmatrix}3 & -2 & 1\\ 5 & 6 & 2\\ 1 & 0 & -3\end{pmatrix}$의 역행렬을 공식에 따라 구하여 보자.

풀이 앞의 예에서

$$adj\ \ A=\begin{pmatrix}-18 & -6 & -10\\ 17 & -10 & -1\\ -6 & -2 & 28\end{pmatrix}$$

그리고 $|A|=-94$. 따라서

$$A^{-1}=\begin{pmatrix}\frac{18}{94} & \frac{6}{94} & \frac{10}{94}\\ -\frac{17}{94} & \frac{10}{94} & \frac{1}{94}\\ \frac{6}{94} & \frac{2}{94} & -\frac{28}{94}\end{pmatrix}$$ ■

참고로

(1) 크기가 하나 작은 소행렬식들의 합을 구하게 된다. 이때 그 소행렬식도 반복하여 더 작은 크기의 소행렬식들의 합으로 구할 수 있다. 따라서

(2) 0이 많이 있는 행이나 열에 대하여 전개하면, 계산이 간편해 진다.

그런데 앞에서 배운 행렬식의 성질 중

"한 행에 몇 배를 한 것을 다른 행에 더한 행렬"

은 행렬식이 변하지 않으므로

(3) 한 행이나 열을 0을 많이 나타나도록 미리 조작을 하여 여인자 전개를 하여 행렬식을 계산하면 간편하게 할 수 있다.

---

3) 실제 계산은 가우스 소거법을 응용하여 하는 것이 편리하다

연습문제 2.2

1. 다음 치환에 대하여 반전의 수를 각각 나타내어라.

(1) $(5\,2\,1\,3\,4)$

(2) $(4\,2\,1\,3\,5)$

답 (1) 5개, (2) 4개

2. A가 n차 정사각행렬이고 $|A| = -4$일 때 다음을 구하라.

	행렬식
$\lvert A^2 \rvert$	
$\lvert A^{-1} \rvert$	
$\lvert 2A \rvert$	
$\lvert (2A)^{-1} \rvert$	

답 $16, -\frac{1}{4}, -2^{n+2}, -\frac{1}{2^{n+2}}$

3. $A = \begin{pmatrix} a_1 & a_2 & a_3 \\ b_1 & b_2 & b_3 \\ c_1 & c_2 & c_3 \end{pmatrix}$이고 $|A| = -4$일 때, 다음 행렬의 행렬식을 구하라.

(1) $B = \begin{pmatrix} a_3 & a_2 & a_1 \\ b_3 & b_2 & b_1 \\ c_3 & c_2 & c_1 \end{pmatrix}$

(2) $C = \begin{pmatrix} a_1 & a_2 & a_3 \\ b_1 & b_2 & b_3 \\ 2c_1 & 2c_2 & 2c_3 \end{pmatrix}$

(3) $D = \begin{pmatrix} a_1 & -b_1 & c_1 \\ a_2 & -b_2 & c_2 \\ a_3 & -b_3 & c_3 \end{pmatrix}$

(4) $E = \begin{pmatrix} a_1 & a_2 & a_3 \\ b_1 + 4c_1 & b_2 + 4c_2 & b_3 + 4c_3 \\ c_1 & c_2 & c_3 \end{pmatrix}$

답 (1) 4, (2) −8, (3) 4, (4) −4

4. 행렬 $A = \begin{pmatrix} 1 & 0 & -2 \\ 3 & 1 & 4 \\ 5 & 2 & -3 \end{pmatrix}$에 대하여 다음 행 또는 열에 관한 여인자 전개를 이용하여 행렬식을 구하라.

(1) 1행　　　　　　　　　　　(2) 2열

5. 다음 행렬식을 4열에 대한 여인자 전개를 이용하여 구하라

$$\begin{vmatrix} 4 & 2 & 2 & 0 \\ 2 & 0 & 0 & 0 \\ 3 & 0 & 0 & 1 \\ 0 & 0 & 1 & 0 \end{vmatrix}$$

6. 공식 $A^{-1} = \frac{1}{|A|}\ adj\ A$을 이용하여 행렬 $\begin{pmatrix} 1 & 0 & 1 \\ -1 & 3 & 0 \\ 1 & 0 & 2 \end{pmatrix}$의 행렬식을 구하라.

답 $A^{-1} = \frac{1}{3}\begin{pmatrix} 6 & 0 & 3 \\ 2 & 1 & -1 \\ -3 & 0 & 3 \end{pmatrix}$

7. 다음은 서로 다른 두 점 (x_1, y_1), (x_2, y_2)를 지나는 직선의 방정식을 나타냄을 확인하여라.

$$\begin{vmatrix} 1 & x & y \\ 1 & x_1 & y_1 \\ 1 & x_2 & y_2 \end{vmatrix} = 0$$

8. 다음은 서로 다른 세 점 (x_1, y_1, z_1), (x_2, y_2, z_2), (x_3, y_3, z_3)를 지나는 평면의 식을 나타냄을 확인하여라.

$$\begin{vmatrix} 1 & x & y & z \\ 1 & x_1 & y_1 & z_1 \\ 1 & x_2 & y_2 & z_2 \\ 1 & x_3 & y_3 & z_3 \end{vmatrix} = 0$$

9. 다음 등식을 확인하여라.

$$\begin{vmatrix} 1+x & 1 & 1 & 1 \\ 1 & 1-x & 1 & 1 \\ 1 & 1 & 1+y & 1 \\ 1 & 1 & 1 & 1-y \end{vmatrix} = x^2 y^2$$

10. A가 정사각행렬일 때

(1) $A^2 = A$이면 $|A| = 0$ 또는 $|A| = 1$임을 보여라.[4]

(2) $A^T = A^{-1}$이면 $|A| = 1$ 또는 $|A| = -1$임을 보여라.[5]

11. 두 정사각행렬 A, B가 가역인 행렬 P에 대하여 $A = P^{-1}BP$를 만족하면 $|A| = |B|$임을 보여라.[6]

4) 정사영 행렬 참조할 것
5) 직교행렬 참조할 것
6) 닮음행렬 참조할 것

2.3 연립방정식의 해공식

두 번째로는 연립일차방정식의 해를 행렬식을 이용하여 공식화하여 보자. 각 미지수는 행렬식을 이용하여 나타낼 수 있는데, 이 공식을 **크래머 공식** Cramer's Rule 이라 한다.

앞과 마찬가지로 크래머 공식은 이론적으로 간편한 공식임을 알 수 있다. 1.2절 연립방정식 (1)에 대하여, $|A| \neq 0$일 때

정리

$$x_j = \frac{b_1 A_{1j} + b_2 A_{2j} + \cdots + b_n A_{nj}}{|A|} \quad (j = 1, 2, \cdots, n)$$

증명 행렬곱으로 나타내면 간단히 $AX = B$. $|A| \neq 0$이므로 A^{-1}가 정의되어 양변의 왼쪽에 곱하면

$$A^{-1}AX = A^{-1}B$$

즉,
$$X = A^{-1}B$$

한편,
$$A^{-1} = \frac{1}{|A|} adj\, A.$$

따라서
$$X = \left(\frac{1}{|A|}\ adj\ A\right)B$$

$$= \frac{1}{|A|}\begin{pmatrix} A_{11} & A_{21} & \cdots & A_{n1} \\ A_{12} & A_{22} & \cdots & A_{n2} \\ \cdots & & & \\ A_{1j} & A_{2j} & \cdots & A_{nj} \\ \cdots & & & \\ A_{1n} & A_{2n} & \cdots & A_{nn} \end{pmatrix}\begin{pmatrix} b_1 \\ b_2 \\ \vdots \\ b_n \end{pmatrix}$$

즉, $j-$행 성분을 비교하면

$$x_j = \frac{b_1 A_{1j} + b_2 A_{2j} + \cdots + b_n A_{nj}}{|A|}, \quad (j = 1, 2, \cdots, n)$$ ■

이때, 분모는 계수행렬 A의 $j-$열을 우변의 B로 바꾼 행렬에 대하여 그 행렬식을 $j-$열 전개한 것이므로 분자는

$$det\begin{pmatrix} a_{11}\ a_{12}\cdots & \boxed{b_1} & \cdots\ a_{1n} \\ a_{12}\ a_{22}\cdots & b_2 & \cdots\ a_{2n} \\ \cdots & & \\ a_{i1}\ a_{i2}\cdots & b_i & \cdots\ a_{in} \\ \cdots & & \\ a_{n1}\ a_{n2}\cdots & b_n & \cdots\ a_{nn} \end{pmatrix}$$

간단히 기호 $|M_j|$를 사용하기로 하면,

$$x_j = \frac{|M_j|}{|A|} \quad (j = 1,\ 2,\ \cdots,\ n)$$

로 쓸 수 있다.

연립일차방정식 풀이에 대하여 다음과 같이 체계화하여 정리할 수 있다.

정리

정사각행렬 A에 대하여 다음은 동치이다.

(1) $|A| \neq 0$

(2) $AX = B$은 유일한 해를 가진다.

(3) $AX = O$은 자명한 해 뿐이다.

참고로 가우스 소거법을 생각하면 기본행 연산에 대하여 다음과 같다. 논증은 번거로운 표현 때문에 생략하기로 한다.

(4) $A \sim I_n$ (행동치)

증명 $A^{-1} = \frac{1}{|A|} adj\,A$를 생각하면, (1)-(3)을 얻는다. ■

연습문제 2.3

1. 연립방정식 $15x-4y=5$, $8x+y=-4$의 해를 크래머공식의 형태로 나타내어라.

2. 세 점 (1, 3), (2, 3), (3, 5)를 지나는 이차곡선의 방정식 $y=ax^2+bx+c$의 계수 a, b, c의 조건을 행렬식으로 나타내어라.

3. 대각행렬 $\begin{pmatrix} \lambda_1 & 0 & \cdots & 0 \\ 0 & \lambda_2 & \cdots & 0 \\ \vdots & \vdots & \ddots & \vdots \\ 0 & 0 & \cdots & \lambda_n \end{pmatrix}$이 역행렬을 가질 필요충분조건은 $\lambda_1 \cdots \lambda_n \neq 0$임을 보이고, 이때 역행렬을 구하라.

답 $\begin{pmatrix} \frac{1}{\lambda_1} & 0 & \cdots & 0 \\ 0 & & \cdots & 0 \\ \vdots & \vdots & \ddots & \vdots \\ 0 & 0 & \cdots & \frac{1}{\lambda_n} \end{pmatrix}$

4. n차 정사각행렬 A, B에 대하여 B가 가역이면 $tr(B^{-1}AB)=tr(A)$임을 보여라.[7)]

7) 1.5절 연습 정의 참조

Chapter 3

벡터

3.1 공간벡터

3차원 공간의 벡터는 직교좌표계를 사용하여 쉽게 다룰 수 있다.

정의

세 실수의 순서조 $(x_1,\ x_2,\ x_3)$를 공간벡터라 하고

$$X=(x_1,\ x_2,\ x_3)\ \text{또는}\ X=\begin{pmatrix}x_1\\x_2\\x_3\end{pmatrix}$$

로 나타낸다. 이때 $x_1,\ x_2,\ x_3$를 공간벡터 X의 성분(또는 좌표)이라 한다.

$$X=(x_1, x_2, x_3)\text{는 } 1\times3 \text{ 행렬 또는 행벡터}$$

$$X=\begin{pmatrix}x_1\\x_2\\x_3\end{pmatrix}\text{는 } 3\times1 \text{ 행렬 또는 열벡터}$$

라 한다.

R^3의 단위벡터 중에서 특히 각 축 방향의 세 벡터

$$i=(1,\ 0,\ 0),\ j=(0,\ 1,\ 0),\ k=(0,\ 0,\ 1)$$

를 기본단위벡터라 한다. 각 축방향의 단위벡터들이므로 서로 직교함을 알 수 있다.

한편 R^3의 임의의 벡터

$$\begin{aligned}X=(x,\ y,\ z)&=x(1,\ 0,\ 0)+y(0,\ 1,\ 0)+z(0,\ 0,\ 1)\\&=xi+yj+zk\end{aligned}$$

로 쓸 수 있다. 이러한 이유로 $i,\ j,\ k$를 벡터공간 R^3의 표준바탕(또는 자연바탕)이라 한다. 벡터공간의 바탕에 대하여는 나중에 자세히 다룬다.

앞에서 임의의 벡터 $X\in R^3$는

$$X = (X \circ i)i + (X \circ j)j + (X \circ k)k$$

로 나타낼 수 있음을 알 수 있다. 여기서 $\circ$는 벡터의 내적이다.

n 차원벡터

n개의 실수의 순서조 $(x_1, x_2, \cdots, x_n)$을 n차원벡터라 하고

$$X = (x_1, x_2, \cdots, x_n) \text{ 또는 } X = \begin{pmatrix} x_1 \\ x_2 \\ \vdots \\ x_n \end{pmatrix}$$

의 형태로 나타낸다. 이때 $x_1, x_2, \cdots, x_n$을 각각 n차원벡터 X의 성분(또는 좌표)라 한다.

$X = (x_1, x_2, \cdots, x_n)$는 $1 \times n$ 행렬, 또는 행벡터

$X = \begin{pmatrix} x_1 \\ x_2 \\ \vdots \\ x_n \end{pmatrix}$는 $n \times 1$ 행렬, 또는 열벡터

라 한다.

R^3에서와 마찬가지로 R^n에서도 각 축방향의 n개의 단위벡터

$$e_1 = (1, 0, \cdots, 0)$$
$$e_2 = (0, 1, \cdots, 0)$$
$$\vdots$$
$$e_n = (0, 0, \cdots, 1)$$

를 기본단위벡터라 하고,

$$e_i \circ e_j = \begin{cases} 1 & , i = j \\ 0 & , i \neq j \end{cases}$$

로 서로 직교함을 알 수 있다. 일반적으로 단위 직교벡터의 모임을 정규직교 집합 ortho-normal set 이라 한다. 즉, $\{e_1, e_2, \cdots, e_n\}$는 하나의 정규직교 집합이다.

임의의 n차원벡터

$$X = x_1(1,\ 0,\ \cdots,\ 0) + x_2(0,\ 1,\ \cdots,\ 0) + \cdots + x_n(0,\ 0,\ \cdots,\ 1)$$
$$= x_1 e_1 + x_2 e_2 + \cdots + x_n e_n$$

로 나타난다. 이러한 이유로 $\{e_1,\ e_2,\ \cdots,\ e_n\}$은 R^n의 표준바탕(또는 자연바탕)이라 한다. 이때 $x_1,\ x_2,\ \cdots,\ x_n$을 각각 n차원벡터 X의 좌표라 하며

$$x_i = X \circ e_i \ (i = 1,\ 2,\ \cdots,\ n)$$

임을 알 수 있다. 벡터공간의 바탕에 대하여는 나중에 자세히 다루기로 한다.

3.2 벡터의 크기와 표준내적

정의

벡터 $A=(a_1, a_2, a_3) \in R^3$의 **크기**는 기호 $\| A \|$ 또는 간단히 $|A|$로 나타낸다. 즉,

$$\| A \| = \sqrt{a_1^2 + a_2^2 + a_3^2}$$

기호 $\| \cdot \|$를 노옴 Norm 이라 한다. 단원의 마지막에 일반적인 정의를 소개하기로 한다.

정의

$\| A \| = 1$인 벡터를 단위벡터 Unit Vector 라 한다.

즉, 기호 $\dfrac{A}{\| A \|}$는 $\left(\dfrac{1}{\| A \|}\right)A$로 $A-$방향의 단위벡터를 나타낸다. 왜냐하면

$$\left\| \frac{A}{\| A \|} \right\| = \frac{1}{\| A \|}\| A \| = 1$$

R^3 벡터의 **(표준)내적** standard inner product 은 다음과 같이 정의한다.[1)]

정의

두 벡터 $A=(a_1, a_2, a_3)$, $B=(b_1, b_2, b_3)$에 대하여

$$A \cdot B = a_1 b_1 + a_2 b_2 + a_3 b_3 = \sum_{i=1}^{3} a_i b_i$$

---

1) 내적은 공간벡터를 만드는 벡터적(*vector product*)인 외적(*outer product*) $A \times B$에 대비한 명칭이다. 실수(스칼라)를 만드는 곱으로 스칼라적(*scalar product*) 또는 내적(*inner product*)이라 한다. $A\ dot\ B$로 읽는다. 내적을 도트적(*dot product*)이라 하기도 한다.

정리 **내적 성질**

$$A \cdot A = \|A\|^2$$
$$A \cdot A \geq 0$$
$$A \cdot A = 0 \Leftrightarrow A = 0$$

증명 $$A \cdot A = a_1^2 + a_2^2 + a_3^2 = \|A\|^2$$

따라서 $A \cdot A \geq 0$

그리고 $A \cdot A = 0 \Leftrightarrow a_1 = a_2 = a_3 = 0$, 즉 $A = 0$ ■

내적의 정의로부터 직접적인 결과로 다음을 얻는다.

정리

$A \cdot B = B \cdot A$ (교환법칙)

$\alpha(A \cdot B) = (\alpha A) \cdot B = A \cdot (\alpha B)$ (스칼라 곱의 배분법칙)

$A \cdot (B + C) = A \cdot B + A \cdot C$ (배분법칙)

정리

공간벡터 A, B의 사잇각이 θ일 때

$$A \cdot B = \|A\| \|B\| \cos\theta$$

증명 삼각형 코싸인 법칙에 따라

$$\|A - B\|^2 = \|A\|^2 + \|B\|^2 - 2\|A\|\|B\| \cos\theta$$

그런데 (좌변)은 $\|A - B\|^2 = (A - B) \cdot (A - B)$

$= A \cdot A - 2A \cdot B + B \cdot B$

$= \|A\|^2 - 2A \cdot B + \|B\|^2$

정리하면, 결과를 얻는다. ■

앞 정리의 직접 결과로 다음 부등식을 얻는다. 단원 마무리에서 우리는 정사영 개념을 이용한 해설을 달기로 한다.

정리 *Schwartz*[2)]

공간벡터 A, B에 대하여

$$|A \cdot B| \leq \|A\| \; \|B\|$$

참고

$$-\|A\|\,\|B\| \leq A \cdot B \leq \|A\|\,\|B\|$$

내적의 최댓값은 $\theta=0$, 즉 A, B가 같은 방향일 때이며 내적의 최솟값은 $\theta=\pi$일 때, 즉 A, B가 반대 방향일 때이다.

$\theta=\frac{\pi}{2}$일 때, 즉 A, B가 수직일 때, $A \cdot B=0$

정의

두 벡터가 수직으로 perpendicular 만날 때, **직교**한다 orthogonal 고 하며, 기호로 $A \perp B$로 나타내며 "A *perp* B"로 읽는다.

참고 $A \cdot B=0$일 때

(1) 두 벡터 중 하나는 영벡터, 아니면

(2) 직교

예제 $A=(1, 1)$일 때 $\{X \in R^2 \mid A \cdot X>0\}$인 평면 영역을 알아보자.

풀이 영역내의 벡터 X는 벡터 A와 이루는 각이 $-\frac{\pi}{2}<\theta<\frac{\pi}{2}$이어야 하므로 벡터 A를 수직으로 하는 직선 위 영역으로 (열린)반평면. ■

2) 코시 부등식 또는 코시-쉬바르츠 부등식이라도 한다. 두 수학자가 독립적으로 같은 결과를 얻었다.

3.3 정사영 벡터 projection

한 점에서 공간 내의 한 평면까지의 거리를 생각하기 위하여 정사영벡터의 개념을 사용하면 이론적으로 나타내기 편리하다.

정리

R^3의 벡터 A의 벡터 B 위로의 사영벡터

$$\mathrm{Proj}_B\, A = \left(\frac{A \circ B}{B \circ B}\right) B$$

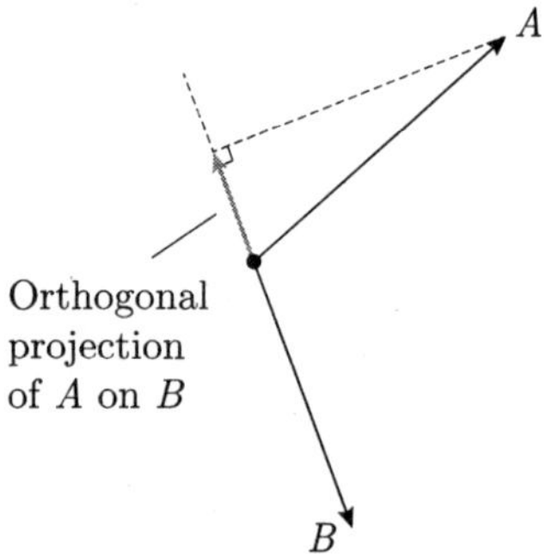

증명 R^3의 벡터 A의 벡터 B 위로의 사영벡터를 기호 $\mathrm{Proj}_B\, A$로 쓰면 그림에서 αB 형태이고, $A - cB \perp B$이므로

$$(A - cB) \circ B = 0 \text{ 즉, } c = \frac{A \circ B}{B \circ B}$$ ■

앞에서 $\dfrac{A \circ B}{B \circ B}$는 벡터 A의 B-방향성분을 나타낸다. 그 부호가 양이면 사영벡터는 $B-$방향, 음이면 반대방향임을 알 수 있다. 한편 $B \circ B = \| B \|^2$이므로, 단위벡터 B에 대하여는

$$\boxed{\mathrm{Proj}_B\, A = (A \circ B) B}$$

로 나타난다. 일반적으로 벡터공간 R^n에 대하여도 사영벡터를 앞과 같이 정의한다.

임의의 공간벡터 X를 주어진 공간벡터 Y에 대하여 두 벡터의 합

$$X = \mathrm{Proj}_Y X + (X - \mathrm{Proj}_Y X)$$

형태로 분해하여 쓸 수 있다. 벡터공간의 **직합** direct sum 개념을 참고하기로 한다.

벡터 A의 벡터 B로의 정사영벡터는 $Proj_B A = \left(\frac{A \bullet B}{B \bullet B}\right)B$. 따라서 $\|B\| = 1$일 때는, $|A \bullet B|$ =(정사영벡터의 길이). 그러므로

A의 단위벡터 B로의 수선의 길이= $\|A - (A \bullet B)B\|$

한편 $|A \bullet U| = \|A\| |cos\ \theta| \le \|A\|$ 로부터 다음을 얻는다.

> **도움 정리** A의 $U = \frac{B}{\|B\|}$ (B 방향 단위벡터)에 대한 성분의 절댓값은 $\|A\|$보다 같거나 작다.

단원을 마무리하기 위하여 앞에서 소개한 (쉬바르츠)부등식을 정사영벡터를 이용하여 이해하기로 한다. 정사영 벡터의 개념을 이용한 쉬바르츠 부등식의 기하적 해설은 다음과 같다.

해설 **쉬바르츠** Schwartz **부등식**

$$\left| A \bullet \left(\frac{B}{\|B\|}\right) \right| \le \|A\|$$

로부터 양변에 $\|B\|$를 곱하면, 부등식을 얻는다. 특히, $\|B\| = 0$일 때는, 양변이 0으로 자명하다. ■

연습문제 3.3

1. X, Y를 $n \times 1$행렬(또는 열벡터)이라 할 때, 다음을 보여라.

(1) $X \circ Y = X^T Y$

(2) $A \in M_n$에 대하여 $AX \circ Y = X \circ A^T Y = Y^T AX$

2. R^3의 벡터에 대하여 X, Y가 평행일 필요충분조건은 $X \times Y = O$임을 보여라.

3. 다음 넓이, 부피를 구하라.

힌트 벡터의 외적(부록 참조)

(1) 세 점 $P(3,\ 2,\ -1)$, $Q(1,\ 0,\ -1)$, $R(2,\ 1,\ 3)$에 의하여 결정되는 평면에 수직인 벡터를 구하고, $\triangle PQR$의 넓이를 구하라. 또,

(2) 점 $S(0,\ 1,\ 6)$에 대하여 선분 PQ, PR, PS를 이웃하는 세 변으로 하는 평행육면체의 부피를 구하라.

답 (1) $4\sqrt{2}$ (2) 16

Chapter 4

벡터공간

4.1 벡터공간과 바탕

벡터공간

앞에서 공간 R^n의 기본 성질을 언급하였다. 이 절에서는 벡터공간의 개념을 일반화하기 위하여 추상적인 벡터공간들을 정의하기로 한다. 벡터와 벡터공간에 대한 이러한 추상화는 현대수학의 특징이다.

정의 벡터공간

벡터 a, b, $c \in V$, 스칼라 α, $\beta \in F$에 대하여, 다음을 만족하는 집합 V를 (스칼라체 F 상의) 벡터공간 Vector Space 이라 한다.

(1) $a+b \in V$

$$a+(b+c)=(a+b)+c$$
$$a+\vec{0}=a$$
$$a+(-a)=\vec{0}$$

(2) $\alpha a \in V$

$$(\alpha+\beta)a=\alpha a+\beta b$$
$$(\alpha\beta)a=\alpha(\beta a)$$
$$\alpha(a+b)=\alpha a+\alpha b$$
$$\alpha\vec{0}=\vec{0}$$

간단히 진술하면

$$v_{1,}v_2 \in V,\ \alpha, \beta \in R\text{에 대하여 } \alpha v_1+\beta v_2 \in V$$

일 때 V는 R 상의 벡터공간임을 알 수 있다.

이를테면, R^2, R^3은 (실수 체a field상의) 벡터공간이다. 이 책에서는 특별한 언급이 없는 경우 스칼라를 실수로 하는 R 상의 벡터공간을 다루기로 하는데 **(실)벡터공간**이라 한다. 단, 스칼라를 복소수로 확장하는 것이 필요한 경우 C 상의 벡터공간을 다루게 되는데 **복소벡터공간**이라 한다.

예제 R^n, C는 대표적 벡터공간이다.

현대 수학에서는 추상적인 벡터공간을 도입하게 된다. 이를테면, 함수공간, 행렬공간, 수열공간 등 수많은 벡터공간을 도입하게 되는데, 이를테면 함수공간에서의 하나의 함수는 그 그래프가 아닌 하나의 벡터원소로 보는 것이다.

예제 행렬공간 $M_{m \times n}$
연속함수 공간 $C[a, b]$,
n차다항식 공간 P_n

우리는 주로 평면, 공간의 벡터를 다루게 되므로 벡터공간 R^2, R^3를 생각하기로 한다. 벡터공간과 그 부분공간의 구조를 이해하기 위하여 벡터공간의 **바탕**(또는 **기저**) a basis 을 도입하기로 한다. 우선, 생성 span 의 개념과 일차독립 linearly independent 의 개념을 필요로 한다.

정의 일차결합

3개의 공간벡터 $v_1, v_2, v_3 \in R^3$가 주어지고 c_i가 스칼라일 때

$$c_1v_1 + c_2v_2 + c_3v_3$$

형태를 v_1, v_2, v_3 의 일차결합a linear combination 이라고 한다.

예제 공간 R^3의 임의의 점 $P=(x,\ y,\ z)$을 $\{i,\ j,\ k\}$의 일차결합으로 나타내자.

풀이 $P=(x,\ 0,\ 0)+(0,\ y,\ 0)+(0,\ 0,\ z)$

$=x(1,\ 0,\ 0)+y(0,\ 1,\ 0)+z(0,\ 0,\ 1)=xi+yj+zk$ ■

공간 R^3의 임의의 점은 각 축의 단위벡터의 쌍 $\{i,\ j,\ k\}$의 일차결합으로 나타나므로

$\{i,\ j,\ k\}$가 R^3를 **생성한다**(*spans* R^3) … (1)

고 한다. 이때,

스칼라 $x,\ y,\ z$는 **유일하게** 정하여진다. … (2)

이것을 벡터 P의 **좌표** Coordinates 라 한다.

즉, 공간 R^3의 임의의 벡터는 $\{i,\ j,\ k\}$의 유일한 일차결합으로 나타나므로 $\{i,\ j,\ k\}$를 공간 R^3의 **바탕** 또는 **기저** a basis 라 한다. 일반적 정의는 정리를 통하여 하기로 한다.[1),2)]

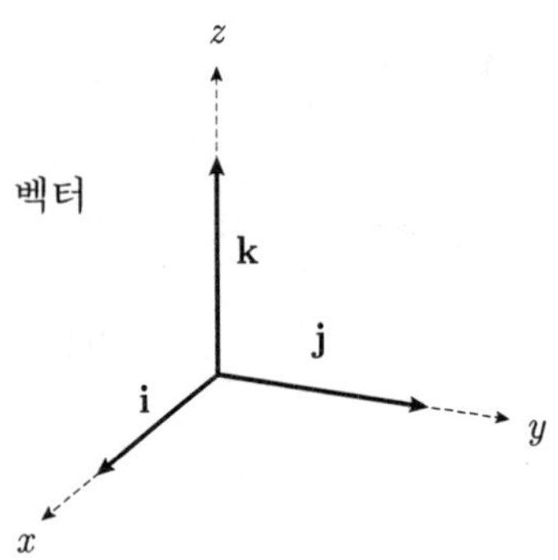

예제 평면 R^2의 2개의 벡터

$$\left\{(1,\ 0),\ \left(\frac{1}{2},\ \frac{1}{2}\right)\right\}$$

---

1) 공간의 <u>표준바탕</u>(또는 <u>자연바탕</u>)이라 한다. $\{(1,\ 0),\ (0,\ 1)\}$은 평면 R^2의 표준바탕이다.
2) R^3의 표준기저 $i,\ j,\ k$와 그것들을 회전시켜 얻은 벡터의 3개조는 모두 바탕이다.

는 바탕임을 보이자.

풀이 $P=(a,\ b)\in R^2$를 $(a,\ b)=x(1,\ 0)+y\left(\frac{1}{2},\ \frac{1}{2}\right)$로 쓰면

$$x+\frac{1}{2}y=a,\ \ \frac{1}{2}y=b,\ \text{즉}\ x=a-b,\ y=2b$$

이므로

$$(a,\ b)=(a-b)(1,\ 0)+(2b)\left(\frac{1}{2},\ \frac{1}{2}\right)$$ [3] ■

예제 $e_1=(1,\ 0,\ \cdots,\ 0),\ \cdots,\ e_n=(0,\ 0,\ \cdots,\ 1)$은 R^n의 바탕임을 보이자.[4]

풀이 $X\in R^n,\ X=(x_1,\ x_2,\ \cdots,\ x_n)=x_1(1,\ 0,\ \cdots,\ 0)+\cdots+x_n(0,\ 0,\ \cdots,\ 1)$

이고, 여기서 $x_1,\ x_2,\ \cdots,\ x_n$(벡터의 좌표)은 유일하게 나타난다. ■

예제 정사각행렬 공간 M_2의 대칭행렬 부분공간의 표준기저는 다음 4개이다.

$$\begin{pmatrix}1&0\\0&0\end{pmatrix},\ \begin{pmatrix}0&1\\0&0\end{pmatrix},\ \begin{pmatrix}0&0\\1&0\end{pmatrix},\ \begin{pmatrix}0&0\\0&1\end{pmatrix}$$

왜냐하면 $\begin{pmatrix}a&b\\c&d\end{pmatrix}=a\begin{pmatrix}1&0\\0&0\end{pmatrix}+b\begin{pmatrix}0&1\\0&0\end{pmatrix}+c\begin{pmatrix}0&0\\1&0\end{pmatrix}+d\begin{pmatrix}0&0\\0&1\end{pmatrix}$

마찬가지로 다음을 알 수 있다.

예제 벡터공간 P_2의 표준기저는 $S=\{1,\ t,\ t^2\}$이다.

---

3) $(a-b,\ 2b)$는 $P=(a,\ b)$의 새로운 바탕 $\left\{(1,\ 0),\ \left(\frac{1}{2},\ \frac{1}{2}\right)\right\}$에 대한 좌표(*Coordinates*)이다. 특히, $(a,\ b)$는 P의 표준바탕 $\{i,\ j\}$에 대한 좌표이다.

4) R^n의 표준바탕(또는 자연바탕)이라 한다.

4.2 바탕과 차원 a basis & dimension

여기서는 벡터공간의 바탕을 다음과 같이 정의하기로 한다. R^n의 임의의 원소를 유일한 일차결합으로 나타내주기 때문이다. 여기서 일차독립과 일차종속의 정의를 필요로 하게 된다. 흐름을 놓치지 않기 위해서 정리의 증명은 나중에 다룬다.

정리 R^n의 바탕

벡터공간 R^n에 대해서

<u>일차독립인 n개</u>의 벡터의 모임

$\{v_1, v_2, \cdots, v_n\}$은 벡터공간 R^n의 바탕 a Basis 이다.

벡터공간 V를 생성하는 벡터의 최소 단위의 특징으로

(1) V를 생성하고 spans V
(2) 일차독립 linearly independent

임을 알 수 있다. 그런데 이것을

"V 내의 일차독립인 **최대집합** a maximal set"

의 개념으로 표현할 수 있음을 알 수 있다. 이를테면, 공간 R^3의 바탕은 일차독립인 세 개의 벡터의 쌍으로 구성된다. 우선, 바탕이 되기 위한 조건인 **일차독립**의 정의를 다루기로 하자.

정의

세 벡터 $v_1, v_2, v_3 \in R^3$에 대하여

$$c_1v_1 + c_2v_2 + c_3v_3 = \vec{0} \text{이면 } c_1 = c_2 = c_3 = 0$$

일 때, 일차독립 linearly independent 이라 한다. 그렇지 않으면, 일차종속 linearly dependent 라 한다.

일차독립의 기하

일차종속인 세 벡터 $v_1,\ v_2,\ v_3 \in R^3$는 정의에 따라

$$\text{적어도 하나는 0이 아닌 } c_i \text{가 있어 } c_1v_1 + c_2v_2 + c_3v_3 = \vec{0}$$

편의상 $c_1 \neq 0$로 하면,

$$v_1 = -\left(\frac{c_2}{c_1}\right)v_2 - \left(\frac{c_3}{c_1}\right)v_3$$

즉, v_1은 $v_2,\ v_3$의 일차결합 형태이므로

- 일차종속인 세 벡터 $v_1,\ v_2,\ v_3 \in R^3$는
  (1) $v_2,\ v_3$가 평행인 경우, 모두 평행하게 된다.

또는

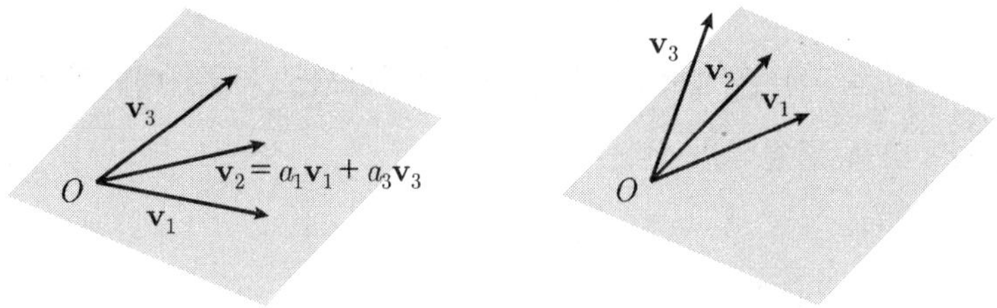

(a) Linearly dependent vectors in R^3 (b) Linearly independent vectors in R^3

(2) $v_2,\ v_3$가 평행이 아닌 경우, $v_2,\ v_3$을 품는 평면에 놓여 있다.

즉, R^3의 3개의 벡터가 일차종속이면 한 평면에 품긴다. 바꾸어 말하면, 한 평면에 품기지 않는 R^3의 3개의 벡터는 일차독립이다. 마찬가지로, 평면 R^2에 대해서는 평행

이 아닌 두 벡터 $\{v_1, v_2\}$는 일차독립이다. 바꾸어 말하면, R^2의 평행인 두 벡터 $\{v_1, v_2\}$는 일차종속이다.

일차독립 판별식-행렬식

정리

$v_1, v_2, v_3 \in R^3$가 일차독립일 필요충분조건은

$$v_1 \cdot (v_2 \times v_3) \neq 0$$

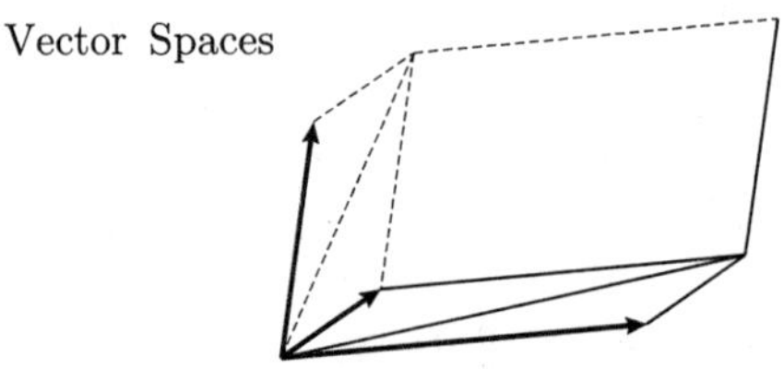

증명의 개요

$v_1, v_2, v_3 \in R^3$일 때 $v_1 \cdot (v_2 \times v_3)$의 절댓값은 세 벡터가 만든 평행육면체의 부피임을 안다.(부록 참조) 따라서 세 벡터는 같은 평면에 품기지 않으므로, 일차독립이다. ■

삼중적 $v_1 \cdot (v_2 \times v_3)$ 은 3×3행렬식으로 나타나므로(부록: 벡터의 외적을 참조) 앞 정리의 결과로 다음 판별식을 얻는다.

정리

$v_1, v_2, v_3 \in R^3$ 세 벡터로 만든 행렬식이 0이 아니면 일차독립이다.

예제 세 벡터 $v_1 = (1, 1, 2)$, $v_2 = (1, 0, 1)$, $v_3 = (2, 1, 3)$이 R^3의 바탕인지 알아보자.

풀이 $\begin{vmatrix} 1 & 1 & 2 \\ 1 & 0 & 1 \\ 2 & 1 & 3 \end{vmatrix} = 0$이므로 일차종속, 따라서 R^3바탕이 아니다. ■

예제 $v_1 = (1,\ 0,\ 0)$, $v_2 = (1,\ 1,\ 0)$, $v_3 = (1,\ 1,\ 1)$은 R^3의 하나의 바탕임을 보이자.

풀이 행렬식이 0이 아니므로 일차독립인 3개의 벡터이므로 R^3의 바탕이다. ■

$R^n\ (n \geq 4)$의 벡터들에 대하여는 기하적 해석이 불가하다. 따라서 정의에 따라 편리한 판별조건을 생각하기로 한다. 벡터의 일차종속과 일차독립의 판별식이 **행렬식**이다. 일반적으로, 벡터공간 V에 대하여 일차독립과 일차종속은 다음과 같이 정의한다.

정의 일차독립, 일차종속

$n-$개의 벡터 $\{v_1,\ v_2,\ \cdots,\ v_n\}$에 대하여

$$c_1 v_1 + c_2 v_2 + \cdots + c_n v_n = 0 \ \Rightarrow\ c_1 = c_2 = \cdots = c_n = 0$$

일 때, $\{v_1,\ v_2,\ \cdots,\ v_n\}$을 일차독립이라고 한다. 그렇지 않으면, 일차종속이라 한다.

벡터의 일차종속과 일차독립, 및 바탕(기저)에 관한 몇 가지 정리를 소개한다. 정리에 대한 형식적 증명은 표현하기 번거로우므로 생략하기로 한다. 간단히 그 뜻을 이해하도록 한다.

정리

S가 일차종속일 필요충분조건은 S의 적어도 한 벡터는 나머지의 일차결합으로 표현되는 원소가 존재하는 것이다.

정리

$S'(\subseteq S)$일 때

(1) S'가 일차종속이면, S는 일차종속이다. 반대로

(2) S가 일차독립이면, S'은 일차독립이다.

정리

R^n에서 $m(>n)$개의 벡터는 일차종속이다.

정리

$S=\{v_1, v_2, \cdots, v_n\}(\subseteq V)$가 벡터공간 V의 바탕일 때, V의 $r(>n)$개 원소로 이루어진 집합 T는 바탕이 아니다.

정리

$S=\{x_1, x_2, \cdots, x_n\}\subseteq V$ $T=\{y_1, y_2, \cdots, y_m\}$ 모두 벡터공간 V의 바탕이면, $m=n$.

정의

벡터공간 V의 바탕의 원소 개수를 V의 **차원** dimension 이라 하고, 기호로 $dim\ V$로 쓴다.[5)]

벡터공간의 차원이 유한할 때 이 벡터공간을 유한차원 벡터공간이라 하고, 그렇지 않은 경우를 무한차원 벡터공간이라 한다. 이를테면, 후자의 대표적인 예로는 함수 벡터공간 $C[a, b]$ 등 많은 예를 볼 수 있다.

---

5) 벡터공간의 바탕의 개수는 항상 일정하게 된다. 따라서 그 개수를 차원으로 정의한 것이다. 바탕의 개수가 유한하면 유한차원 벡터공간, 아니면 (무한차원) 벡터공간이라 한다.

여기서 유한 집합 S의 원소로 생성된 벡터공간을 기호로, 간단히 $\langle S \rangle$로 나타내면,

정리

$dim\, V = n$일 때, $S = \{v_1, v_2, \cdots, v_n\} \subseteq V$는 다음과 같다.

(1) S가 일차독립이면, S는 V의 바탕이다.

(2) $V = \langle S \rangle$이면, S는 V의 바탕이다.

바꾸어 말하면 $dim\, V = n$, $S = \{v_1, v_2, \cdots, v_n\} \subseteq V$에 대하여

(1) S가 일차독립일 때, (앞 절에서 소개한 정리에 따라 $V = \langle S \rangle$가 되어 (증명 생략) 바탕이며, V 내의 일차독립인 최대집합 maximal set 이 된다.

반대로,

(2) $V = \langle S \rangle$인 집합 (S는 일차독립이 되어 (증명 생략)) 역시 바탕이며, V 내의 일차독립인 최대집합이 된다.

두 경우 모두 $S \subseteq V$는 V 내의 일차독립인 최대집합임을 알 수 있다. 따라서 벡터공간 V의 바탕 S는 일차독립인 최대집합 a maximal set of linearly independent set $S(\subseteq V)$이 되는 것이다.

정리

벡터공간 V 내의 바탕 S는

"일차독립인 최대집합" a maximal set of linearly independent set

단원을 마무리하기 위하여 바탕에 대한 정리를 증명하기로 한다.

정리

$S = \{v_1, v_2, \cdots, v_n\}$가 $n-$차원 벡터공간 V의 바탕이면, V의 임의의 벡터는 S의 원소들의 유일한 일차결합으로 나타난다.

증명 S는 바탕이므로 V를 생성한다. 즉, 임의의 $v \in V$는

$$v = c_1 v_1 + c_2 v_2 + \cdots + c_n v_n$$

형태로 나타난다. 그런데

$$v = d_1 v_1 + d_2 v_2 + \cdots + d_n v_n$$

으로 나타난다면,

$$(c_1 - d_1)v_1 + \cdots + (c_n - d_n)v_n = \vec{0}$$

바탕 S는 일차독립이므로, $(c_1 - d_1) = \cdots = (c_n - d_n) = 0$ ■

연습문제 4.2

1. R^3의 벡터 X에 대하여 $X = (X \circ i)i + (X \circ j)j + (X \circ k)k$로 나타낼 수 있음을 보여라.

2. 세 점 $P(3, 1, 2)$, $Q(7, 0, 1)$, $R(2, 3, -4)$을 꼭지점으로 갖는 삼각형은 직각삼각형임을 보여라.

3. 공간속의 점 $P_0, P_1, \cdots, P_k$에 대하여 "벡터" $\overrightarrow{P_0P_1}, \overrightarrow{P_1P_2}, \cdots, \overrightarrow{P_{k-1}P_k}$ 가 일차독립이면 점 $P_0, P_1, \cdots, P_k$는 **일반위치에 있다**고 부른다. 두 점이 일반위치에 있다는 것은 두 점이 서로 다르다는 것을 뜻한다. 세 점이 일반위치에 있다는 것은 이 세 점이 동일직선상에 있지 않다는 것을 뜻하게 된다. 공간속의 점 $P_0, P_1, \cdots, P_k$가 **일반위치**에 있기 위한 필요충분조건은 벡터

$$\overrightarrow{P_0P_1},\ \overrightarrow{P_1P_2},\ \cdots,\ \overrightarrow{P_{k-1}P_k}$$

가 일차독립인 것임을 보여라.

4. R^3의 벡터 $X=(2,\ 1,\ -3)$을 다음 세 벡터들의 일차결합으로 나타내어라.

$$X_1=(1,\ 1,\ 0),\ X_2=(1,\ 1,\ 1),\ X_3=(0,\ 1,\ -1)$$

5. P_2의 벡터 $p(t)=2t^2+3t+1$을 다음 세 벡터의 일차결합으로 나타내어라.

$$t^2+2t+1,\ t^2-1,\ t+1$$

6. 다음 벡터공간에 주어진 벡터들이 일차독립인지 일차종속인지 판단하여라.

(1) $V=R^2$ 내 $X_1=(3,\ 2),\ X_2=(-1,\ 4)$

(2) $V=R^3$ 내 $X_1=(1,\ -2,\ 3),\ X_2=(1,\ -3,\ 2),\ X_3=(2,\ -1,\ 5)$

7. R^3의 세 개의 벡터의 일차독립 또는 일차종속을 판단하여라.

(1) $8i+6j,\ 2i-4j,\ i+k$

(2) $3i+6j-k,\ 8i+2j-3k,\ i-j+k$

(3) $-i+3j-2k,\ 4i+6j-k,\ -8i-2k$

답 (1) 일차독립, (2) 일차독립, (3) 일차독립

8. R^n의 기본 단위벡터 집합 $S=\{e_1,\ e_2,\ \cdots,\ e_n\}$은 일차독립임을 보여라.

9. 벡터공간 V의 벡터 $X_1,\ X_2,\ X_3$로 만든 다음 세 벡터는 일차종속임을 보여라.

$$X_1-X_2,\ X_2+X_3,\ X_1+X_3$$

10. 벡터공간 V의 일차독립인 집합 $S_1,\ S_2$에 대하여 다음을 보여라.

(1) $S_1 \cap S_2$는 일차독립이다. (2) $S_1 \cup S_2$가 일차독립 $\Leftrightarrow$ $\langle S_1 \rangle \cap \langle S_2 \rangle = \{O\}$

11. R^5의 두 벡터의 사잇각을 각각 다음과 같음을 보여라.

(1) $(-1,\ 6,\ 4,\ -2,\ 3)$, $(0,\ -4,\ -3,\ 2,\ 5)$ $\theta = cos^{-1}\left(-\dfrac{25}{\sqrt{3564}}\right)$

(2) $(-1,\ 3,\ 4,\ 6,\ 2)$, $(4,\ 2,\ 1,\ 6,\ -21)$ $\theta = \dfrac{\pi}{2}$

12. 주어진 V는 벡터공간인지 보이고, S는 그 바탕인지 판정하여라.

(1) $V = R^3$, $S = \{2i,\ i+j,\ 2i-3j+k\}$

(2) $V \subseteq R^3$, $V = \{2x - y + z = 0\}$ $S = \{i + 2j,\ j + k\}$

(3) $V \subseteq R^2$, $V = \{y = 2x\}$ $S = \{i + 2j\}$

13. 다음 집합 S는 R^3의 기저인지 판정하여라.

(1) $S = \{(1,\ 0,\ -2),\ (2,\ 1,\ 3)\}$

(2) $S = \{(1,\ 0,\ 0),\ (1,\ 1,\ 0),\ (1,\ 1,\ 1)\}$

(3) $S = \{(1,\ 2,\ -1),\ (2,\ 1,\ 3),\ (0,\ -2,\ 1)\}$

(4) $S = \{(1,\ 0,\ -1),\ (2,\ 3,\ 1),\ (1,\ -1,\ 2),\ (2,\ -1,\ 4)\}$

14. 다음 집합 S는 M_2의 기저인지 판정하여라.

(1) $S = \left\{ \begin{pmatrix} 1 & 1 \\ 0 & 1 \end{pmatrix},\ \begin{pmatrix} 1 & 0 \\ 1 & 1 \end{pmatrix},\ \begin{pmatrix} 0 & 1 \\ 1 & 1 \end{pmatrix} \right\}$

(2) $S = \left\{ \begin{pmatrix} 1 & 0 \\ 0 & 1 \end{pmatrix},\ \begin{pmatrix} 0 & 0 \\ 1 & 1 \end{pmatrix},\ \begin{pmatrix} 1 & 1 \\ 0 & 0 \end{pmatrix},\ \begin{pmatrix} 0 & 1 \\ 1 & 1 \end{pmatrix} \right\}$

(3) $S = \left\{ \begin{pmatrix} 1 & 1 \\ 4 & 0 \end{pmatrix},\ \begin{pmatrix} 1 & 2 \\ 0 & 1 \end{pmatrix},\ \begin{pmatrix} 1 & 3 \\ 0 & 0 \end{pmatrix},\ \begin{pmatrix} 2 & 0 \\ 1 & 0 \end{pmatrix} \right\}$

(4) $S = \left\{ \begin{pmatrix} 1 & 1 \\ -1 & 5 \end{pmatrix},\ \begin{pmatrix} 1 & -5 \\ -4 & 2 \end{pmatrix},\ \begin{pmatrix} 2 & -4 \\ -5 & 7 \end{pmatrix},\ \begin{pmatrix} 1 & -7 \\ -5 & 1 \end{pmatrix} \right\}$

15. 다음을 증명하여라.

집합 $\{X_1, X_2, \cdots, X_n\}$이 R^n의 기저이고, $A \in M_n$이 가역이면, 집합 $\{AX_1, AX_2, \cdots, AX_n\}$도 R^n의 기저이다.

4.3 부분공간

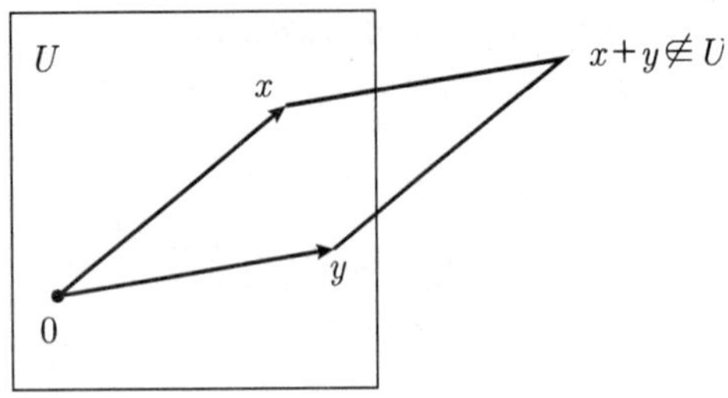

벡터공간 안에도 다시 벡터공간들을 생각할 수 있는 데, 이것을 각각에 대한 부분공간 sub-space 이라 한다. 부분공간은 벡터공간의 기본적 속성만을 정의하면 충분하다.

정의

벡터공간 V의 부분집합 $W \subseteq V$

(1) $w_1,\ w_2 \in W$일 때 $w_1 + w_2 \in W$

(2) $\alpha \in R,\ w \in W$일 때 $\alpha w \in W$

를 만족하면 W는 V의 **부분공간** a sub-space 이라 한다.

그런데 (1), (2)를 포함하여 진술하면

$$w_1,\ w_2 \in W,\ \alpha,\ \beta \in R \text{에 대하여 } \alpha w_1 + \beta w_2 \in W$$

로, 이것은 벡터공간의 공리를 간단히 진술한 것으로 부분집합 W가 독자적으로 벡터공간의 구조를 가진다는 뜻이다.

예제 $L_0 = \{$원점을 지나는 직선상의 점집합$\}$

$L_1 = \{$원점을 지나지 않는 직선상의 점집합$\}$

가 R^2의 부분공간인지 알아보자.

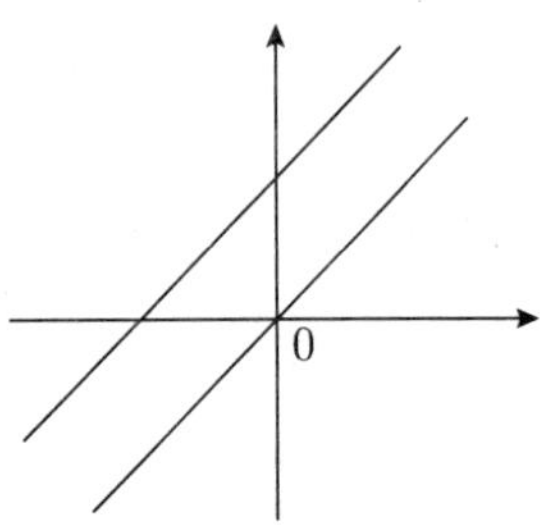

풀이 $$L_0, L_1 \subseteq R^2.$$

한편 벡터의 합성을 그림으로 생각하면

$$w_1,\ w_2 \in L_0,\ \alpha,\ \beta \in R\text{에 대하여 } \alpha w_1 + \beta w_2 \in L_0$$

임을 알 수 있다. 따라서 L_0는 부분공간이다. 그러나 L_1은 부분공간이 아니다.[6)] 특히 $O \notin L_1$. ■

$\{O\}$은 벡터공간임이 자명하다. 이것을 영벡터 공간이라 한다. R^2에는 $\{O\}$, L_0와 같이 원점 지나는 직선들, R^2 자신은 모두 R^2의 부분공간으로 볼 수 있다. 다음 예들은 간단하므로 연습으로 남기기로 한다.

예제 $S = \{v_1,\ v_2,\ \cdots,\ v_k\} \subseteq V$에 대하여

$$C = \{c_1 v_1 + c_2 v_2 + \cdots + c_k v_k \mid c_1,\ c_2,\ \cdots,\ c_k \in R\}$$

는 벡터공간 V의 부분공간임을 알 수 있다.[7)]

예제 n차 다항식의 집합 P_n는 연속함수의 공간 $C(R)$의 부분공간이다.

예제 2×2 정사각행렬의 공간 M_2에 대하여

(1) 대칭행렬의 집합
(2) 대각행렬의 집합
(3) 상(하)삼각행렬의 집합

은 각각 부분공간이다.

---

6) 한편, $w_1, w_2 \in L_1$, $\alpha, \beta \in R$에 대하여 $\alpha w_1 + \beta w_2 \notin L_1$에 대한 형식적 증명은 간단하므로 연습으로 남기기로 한다.
7) C는 S의 원소들의 일차결합으로 생성된 공간이라 하고, 기호로 $C = \langle S \rangle$ 또는 $C = [S]$, 그 포함관계는 명백히 $S \subseteq C \subseteq V$.

예제 행렬 $A \in M_{m,n}$에 대하여 (동차)연립일차방정식 $AX=O$의 벡터해의 집합

$$W=\{X \in R^n \mid AX=O\}$$

은 R^n의 부분공간이다.

정의
$A \in M_{m \times n}$일 때 $Null\ A=\{X \in R^n \mid AX=O\}$는 벡터공간을 A의 **영공간** null space 이라 하고, 기호로 $Null\ A$.

집합의 연산과 부분공간

정의
$S=\{v_1, v_2, \cdots, v_k\} \subseteq V$에 대하여

$$W=\{c_1v_1+c_2v_2+\cdots+c_kv_k \mid c_1, c_2, \cdots, c_k \in R\}$$

기호로 $W=span(S)$, 또는 간단히 $W=\langle S \rangle$

정리
벡터공간 V의 부분공간 $W_1, W_2 \subseteq V$에 대하여 집합 연산

(1) W_1+W_2

(2) $W_1 \cap W_2$

은 벡터공간 V의 부분공간이 된다.

연습문제 4.3

1. 다음은 벡터공간임을 보여라.

(1) 집합 $L_0 = \{(x,\ y) \in R^2 \mid\ x - y = 0\}$.

(2) $m \times n$ 행렬의 집합 $M_{m,n}$

(3) $C = \{f \mid f: R \to R$ 연속함수$\}$

(4) n차 다항식의 집합 P_n

2. 다음 곡선 위의 점의 집합 R^2의 부분공간인지 O, X로 답하여라.

(1) 기울기가 3이고 원점을 지나는 직선

(2) 기울기가 3이고 점 (1, 1)을 지나는 직선

(3) 포물선 $y = x^2$

(4) 단위원 $x^2 + y^2 = 1$

3. 다음 중 R^n의 부분공간인 것은?

(1) $U = \{X \in R^n \mid\ x_1 = \cdots = x_n\}$

(2) $U = \{X \in R^n \mid\ x_1^2 = x_2^2\}$

(3) $U = \{X \in R^n \mid\ x_1 = 1\}$

4. 다음은 각각 P_2의 부분공간인지 O, X로 답하여라.

(1) $W_1 = \{a_0 + a_2 t^2 \mid a_0,\ a_2 \in R\}$

(2) $W_2 = \{a_0 + a_1 t + a_2 t^2 \mid\ a_0 + a_1 + a_2 = 3,\ a_0,\ a_1,\ a_2 \in R\}$

5. 다음 집합은 각각 $M_{3,2}$의 부분공간인지 O, X로 답하여라.

(1) $W_1 = \left\{ \begin{pmatrix} a & b \\ c & d \\ e & f \end{pmatrix} \mid a = 2b + 1,\quad a,\ b,\ c,\ d,\ e,\ f \in R \right\}$

(2) $W_2 = \left\{ \begin{pmatrix} a & 0 \\ c & d \\ 1 & f \end{pmatrix} \mid a,\ c,\ d,\ f \in R \right\}$

6. M_n의 다음 조건으로 구성된 부분집합은 각각 M_n의 부분공간인지 O, X로 표시하여라.

n차 행렬	M_n의 부분공간 여·부
대칭행렬	
반대칭행렬	
대각행렬	
삼각행렬	
가역행렬	
비가역행렬	
행렬식이 1인 행렬	

7. 다음 부분공간 $W \subseteq R^3$의 차원을 구하여라.

(1) $W = \{(x,\ y,\ z) \mid\ x + y + z = 0\}$

(2) $W = \{(x,\ y,\ z) \mid\ x = 2t, y = t, z = 3t\}$

8. 다음에 답하여라.

(1) M_n의 기저의 개수

(2) 그 부분공간인 대칭행렬 S_n $(\subseteq M_n)$기저의 개수는 $\dfrac{n(n+1)}{2}$임을 보여라.

9. 부분공간 $W_1,\ W_2 \subseteq V$에 대하여 다음은 V의 부분공간임을 보여라.

(1) $W_1 \cap W_2$

(2) $W_1 + W_2$ 단, $W_1 + W_2 = \{w_1 + w_2 \mid w_1 \in W_1,\ w_2 \in W_2\}$

10. 부분공간 $W_1,\ W_2 \subseteq V$에 대해서

$$W_1 - W_2 = \{w_1 - w_2 \mid w_1 \in W_1,\ w_2 \in W_2\}$$

로 정의하면 다음 중 옳은 것은?

(1) $W_1 - W_2 = \{O\}$

(2) $(W_1 - W_2) + W_2 = W_1$

(3) $W_1 - W_2 = W_1 + W_2$

11. 다음 중 옳은 것은?

(1) $(W_1 + W_2) + W_3 = W_1 + (W_2 + W_3)$

(2) $W_1 \cap (W_2 + W_3) = (W_1 \cap W_2) + (W_1 \cap W_3)$

(3) $W_1 + (W_2 \cap W_3) = (W_1 + W_2) \cap (W_1 + W_3)$

12. 벡터 $X \in R^3$에 대하여 $W = \{Y \in R^3 \mid X \circ Y = 0\}$은 R^3의 부분공간임을 보여라.

일반 내적공간

정의 내적공간

실벡터공간 V 상의 내적은

$$V \times V \to R,\ (u, v) \to < u, v >$$

(u, v)쌍에 실수 $\langle u, v \rangle$의 대응으로 볼 수 있는데

I_1) 모든 $u \neq 0$에 대하여 $\langle u, u \rangle > 0$.

그리고 $\langle u, u \rangle = 0 \Leftrightarrow u = O$

I_2) $\langle v, u \rangle = \langle u, v \rangle$

I_3) $\langle u+v, w \rangle = \langle u, w \rangle + \langle v, w \rangle$

I_4) $\langle cu, v \rangle = c\langle u, v \rangle,\ c \in R$

를 만족하면 **내적** inner product 이라 하고, 내적이 정의된 실벡터공간을 **내적공간** inner product space 이다.

정의로부터 $\langle u,\ cv \rangle = c\langle u,\ v \rangle$는 자명하다.

예제 R^3 공간상에

$$\langle u,\ v \rangle = u_1v_1 + u_2v_2 + u_3v_3 \ (= u \cdot v)$$

는 **표준내적** standard inner product 이라 한다.

참고 내적을 행렬곱으로 나타낼 때에는

$$\langle u,\ v \rangle = v^T u$$

이다. 그런데 (I_2)로부터 $\langle u,\ v \rangle = u^T v$로 쓸 수 있다.

예제 $u = \begin{pmatrix} u_1 \\ u_2 \end{pmatrix},\ v = \begin{pmatrix} v_1 \\ v_2 \end{pmatrix} \in R^2$에 대하여

$$\langle u,\ v \rangle = u_1v_1 - u_2v_1 - u_1v_2 + 3u_2v_2$$

로 정의하면 이것도 내적임을 알 수 있다. 왜냐하면,

$$\begin{aligned} \langle u,\ u \rangle &= u_1^2 - 2u_1u_2 + 3u_2^2 \\ &= u_1^2 - 2u_1u_2 + u_2^2 + 2u_2^2 \\ &= (u_1 - u_2)^2 + 2u_2^2 \ (>0),\ u \neq O \end{aligned}$$

나머지는 간단하므로 연습으로 남긴다.

예제 $V = \{f \mid f: [0,\ 1] \to R$ 연속함수$\}$ 상에

$$\langle f,\ g \rangle = \int_0^1 f(t)g(t)\,dt$$

로 정의하면 내적이 된다. 간단하므로 연습으로 남기기로 한다.

정의

내적이 정의된 (실)벡터공간 V를 내적공간 inner product space 이라 하고, 유한차원 부분공간 $W\ (\subseteq V)$를 **유클리드공간** Euclid space 이라 한다.

내적공간 V에서 $\|u\| = \sqrt{\langle u,\ u \rangle}$를 벡터 u의 **길이** a length 라 한다.[8)]

내적공간의 부분공간

특히 다음과 같이 정의되는 부분공간들이 있다. 자세한 내용은 나중에 참고로 달아두기로 한다.

정의 **직합**

내적공간 V의 $W_1 \cap W_2 = \{O\}$인 부분공간 $W_1,\ W_2 \subseteq V$

$$W_1 \oplus W_2 = \{w_1 + w_2 \mid\ w_1 \in W_1,\ w_2 \in W_2\}$$

$W_1 \oplus W_2$는 $W_1 + W_2$의 특별한 경우로 $W_1 \cap W_2 = \{O\}$일 때의 합공간으로 **직합** a direct sum 이라 부르게 된다.

정의 **직교보공간**

내적공간 V의 부분공간 $W \subseteq V$에 대하여

$$W^{\perp} = \{u \in V \mid \langle u,\ w \rangle = 0\ ,\ \ ^{\forall}w \in W\}$$

내적공간 V의 유한차원 부분공간 $W \subseteq V$에 대하여 $W^{\perp}$는 부분공간일 뿐 아니라, $V = W \oplus W^{\perp}$가 되므로 **직교보공간** orthogonal complement 이라 부르게 된 것이다.[9)]

8) 수학용어로는 노옴(norm)이라 부르는 것이다.
9) 4.6절 단원 끝을 참조한다.

4.4 해공간과 바탕

$m\times n$ 행렬 A와 $X=(x_1, x_2, \cdots, x_n)\in R^n$에 대하여 동차연립방정식 $AX=O$의 해집합은 R^n의 부분공간임을 앞에서 보았다. 즉, 동차연립일차방정식의 해집합은 벡터 공간으로 해공간이라 하는데, 해공간의 기저를 찾는 체계적인 방법을 일반적인 표현으로 알아보자.

연립방정식의 첨가행렬 $[A\,|\,O]$의 $RREF$를 $[B\,|\,O]$라 하고, 이때 행렬 B는 첫 행부터 $r\,(<n)$개의 영이 아닌 행을 갖는다고 하자. 즉 $r<n$일 때

$$[B\,|\,O]=\begin{pmatrix} 1 & & & & b_{1\,r+1} & \cdots & b_{1\,n} & 0 \\ & 1 & & & b_{2\,r+1} & \cdots & b_{2\,n} & 0 \\ & & \ddots & & \vdots & & \vdots & \vdots \\ & & & 1 & b_{r\,r+1} & \cdots & b_{r\,n} & 0 \\ 0 & \cdots & & 0 & 0 & \cdots & 0 & 0 \\ \vdots & & & \vdots & \vdots & & \vdots & \vdots \\ 0 & \cdots & & 0 & 0 & \cdots & 0 & 0 \end{pmatrix}$$

로 쓰면, 주어진 연립방정식 $AX=O$는 $BX=O$와 동치로

$$\begin{aligned} x_1 &= -b_{1\,r+1}x_{r+1}-\cdots-b_{1\,n}x_n \\ x_2 &= -b_{2\,r+1}x_{r+1}-\cdots-b_{2\,n}x_n \\ &\vdots \\ x_r &= -b_{r\,r+1}x_{r+1}-\cdots-b_{r\,n}x_n \end{aligned}$$

새로운 $n-r$개의 문자

$$x_{r+1}=c_1, \cdots, x_n=c_{n-r}$$

를 사용하면, (임의의 값을 나타내는 독립 변수들로 자유변수), 해는

$$X=\begin{pmatrix} x_1 \\ \vdots \\ x_r \\ x_{r+1} \\ \vdots \\ x_n \end{pmatrix}=\begin{pmatrix} -c_1b_{1\,r+1} & \cdots & -c_{n-r}b_{1\,n} \\ \vdots & & \\ -c_1b_{r\,r+1} & \cdots & -c_{n-r}b_{r\,n} \\ & c_1 & \\ & \vdots & \\ & c_{n-r} & \end{pmatrix}$$

$$= c_1 \begin{pmatrix} -b_{1\,r+1} \\ \vdots \\ -b_{r\,r+1} \\ 1 \\ 0 \\ \vdots \\ 0 \end{pmatrix} + c_2 \begin{pmatrix} -b_{2\,r+2} \\ \vdots \\ -b_{r\,r+2} \\ 0 \\ 1 \\ \vdots \\ 0 \end{pmatrix} + \cdots + c_{n-r} \begin{pmatrix} -b_{1n} \\ \vdots \\ -b_{rn} \\ 0 \\ \vdots \\ 0 \\ 1 \end{pmatrix}$$

로 정리할 수 있다.

즉,
$$X = c_1 X_1 + \cdots + c_{n-r} X_{n-r}$$

여기서
$$X_i = \begin{pmatrix} -b_{1\,r+i} \\ \vdots \\ -b_{r\,r+i} \\ 0 \\ \vdots \\ 1 \\ \vdots \\ 0 \end{pmatrix} \quad (i = 1,\ 2,\ \cdots,\ n-r)$$

즉, 해공간은 $S = \{X_1,\ X_2,\ \cdots,\ X_{n-r}\}$로 생성된다. 즉, 기호로 $Null(A) = \langle S \rangle$

한편, S는 일차독립임을 형태로부터 쉽게 알 수 있다.

즉, S는 해공간의 바탕이며, 따라서 해공간의 차원은 $(n-r)$이다.

$m \times n$ 행렬 A에 대하여 동차연립방정식 $AX = O$의 해공간을 **영공간** $Null(A)$이라 하므로, 그 차원을 기호로 $Nullity(A)$라 한다. 즉,

$$Nullity(A) = dim\ Null(A).$$

앞에서 $Nullity(A) = n - r$인데, 특히 $r = n$인 경우 $Nullity(A) = 0$가 되고 $Null(A) = \{O\}$.

참고로

$$r = \{A\text{의 행벡터 중 일차독립인 행의 개수}\}$$

임을 알 수 있다.

4.5 영공간의 차원과 행렬 계수 rank

앞에서 행렬에 대하여 하나의 실수 값을 주는 방법으로 '**행렬식**' determinant 을 배웠다. 여기서는 행렬에 대하여 '계수' rank 라는 값을 정의할 수 있음을 배우고, 연립일차방정식 $AX=O$의 공간의 차원을 계수 행렬 A의 계수 rank 로부터 알 수 있음을 체계적으로 정리하기로 한다. 우선 간단한 정의와 기호를 소개하기로 한다. 여기서는 다음과 같은 기호를 사용하기로 한다.

정의

행렬 A의 행벡터들이 생성하는 벡터공간을 **행공간**, 기호로 $Row(A)$, 그리고 dim $Row(A)$을 행계수라 하고, 기호로 $r(A)$. 마찬가지로 행렬 A의 열 벡터들이 생성하는 벡터공간을 **열공간**, 기호로 $Col(A)$, 그리고 dim $Col(A)$을 열계수라 하고, 기호로 $c(A)$

다음 **도움 정리**의 논증은 5장의 선형 사상을 이용하여 하기로 한다. 우선 예제를 통하여 다음을 확인하기로 한다.

도움 정리 행렬 A의 행계수 $r(A)$와 열계수 $c(A)$는 같다.

예제 $A=\begin{pmatrix} 1 & 2 & 1 & 3 & 2 \\ 3 & 4 & 9 & 0 & 7 \\ 2 & 3 & 5 & 1 & 8 \\ 2 & 2 & 8 & -3 & 5 \end{pmatrix}$에 대하여 다음을 알아보자.

(1) **행공간**의 기저와 차원

(2) **열공간**의 기저와 차원

풀이 A의 열공간은 $A^T=\begin{pmatrix} 1 & 3 & 2 & 2 \\ 2 & 4 & 3 & 2 \\ 1 & 9 & 5 & 8 \\ 3 & 0 & 1 & -3 \\ 2 & 7 & 8 & 5 \end{pmatrix}$의 행공간과 같으므로

A^T의 RREF $B=\begin{pmatrix} 1 & 0 & 0 & -1 \\ 0 & 1 & 0 & 1 \\ 0 & 0 & 1 & 0 \\ 0 & 0 & 0 & 0 \\ 0 & 0 & 0 & 0 \end{pmatrix}$의 행공간과 같다. 그러므로

$S=\left\{\begin{bmatrix} 1 \\ 0 \\ 0 \\ -1 \end{bmatrix}, \begin{bmatrix} 0 \\ 1 \\ 0 \\ 1 \end{bmatrix}, \begin{bmatrix} 0 \\ 0 \\ 1 \\ 0 \end{bmatrix}\right\}$가 열공간의 기저임을 알 수 있다.

따라서

$$r(A) = c(A) = 3$$

■

예에서 보듯이 다음과 같이 행렬에 대하여 **계수** rank 라는 것을 정의할 수 있다.

정의

행계수와 열계수는 같게 되어, 즉 $r(A)=c(A)$, 이 값을 행렬 A의 **계수**라 하고, 기호로 $rank(A)$로 쓴다.

이제 앞 절의 결과를 다음과 같이 형식화하여 나타낼 수 있다.

Main 정리

$A \in M_{m,n}$일 때

$$rank(A) + nullity(A) = n$$

증명 $A \in M_{m,n}$일 때, **앞 절 그림 해설**을 보면 $AX=O$의 A의 $RREF$ 형태 B가 r개의 O이 아닌 행을 가질 때 A의 영공간의 차원은 $n-r$임을 알았다. 여기서 A의 계수 r이므로 영공간의 차원

$$nullity(A) = n - rank(A)$$

■

이제 우리는 계수 행렬의 계수를 구하면, 연립방정식의 영공간의 차원을 알 수 있는

것이다.

예제 앞의 예제의 행렬 $A=\begin{pmatrix}1&2&1&3&2\\3&4&9&0&7\\2&3&5&1&8\\2&2&8&-3&5\end{pmatrix}$에 대한 영공간의 차원

풀이 $nullity\,(A)=5-rank(A)=5-3(=2)$ ■

비동차 연립방정식 $AX=B$가 해를 가질 필요충분 조건은 다음과 같다.

정리

비동차연립방정식 $AX=B$가 해를 가질 필요충분조건은

$$rank(A)=rank[A|B]$$

증명 $AX=B$를 좌표성분으로 써보면,

$$x_1\begin{pmatrix}a_{11}\\a_{21}\\\vdots\\a_{m1}\end{pmatrix}+x_2\begin{pmatrix}a_{12}\\a_{22}\\\vdots\\a_{m2}\end{pmatrix}+\cdots+x_n\begin{pmatrix}a_{1n}\\a_{2n}\\\vdots\\a_{mn}\end{pmatrix}=\begin{pmatrix}b_1\\b_2\\\vdots\\b_m\end{pmatrix}$$

즉 $B\in Col(A)$이므로 결과를 얻는다. ■

정사각행렬 $A\in M_n$일 때 일차 연립방정식 단원에서 정리한 (4)~(7)에 이어, (1)~(3)을 추가하여 다음은 모두 동치이다.

정리

정사각행렬 $A\in M_n$일 때 (1)~(7)은 동치.

(1) $rank(A)=n$

(2) $nullity(A)=0$

(3) A의 모든 행(열)벡터는 일차독립이다.

(4) $AX=O$는 자명한 해 $X=O$만 갖는다.

(5) $AX=B$는 유일한 해를 갖는다.

(6) $|A| \neq 0$

(7) $A \sim I_n$

연습문제 4.5

1. R^2의 부분공간은 $\{O\}$, R^2, 원점을 지나는 직선 이외에는 존재하지 않음을 차원(dim)을 이용하여 보여라.

2. 행렬 $A=\begin{pmatrix} 1 & -1 & 1 & 2 \\ 1 & -2 & 0 & -1 \\ -2 & 3 & -1 & 0 \end{pmatrix}$에 대하여 다음을 각각 구하라.

(1) $rank\ (A)$

(2) $nullity\ (A)$

답 (1) 3, (2) 1

3. 행렬 $A=\begin{pmatrix} 1 & 1 & 2 \\ 4 & 5 & 5 \\ 5 & 8 & 1 \\ -1 & -2 & 2 \end{pmatrix}$에 대하여 다음을 구하라.

(1) 행공간 $Row\,(A)$의 차원 $r(A)$

(2) 열공간 $Col\,(A)$의 차원 $c(A)$

(3) 행렬계수 $rank\ (A)$

(4) 영공간의 차원 $nullity\ (A)$

답 (1) 3, (2) 3, (3) 3, (4) 1

4. $S=\{X_1, X_2, \cdots, X_k\}$가 동차 연립방정식 $AX=O$의 해집합의 부분집합일 때, 그 생성공간 $\langle S \rangle$에 속하는 모든 벡터들도 모두 해임을 증명하라.

4.6 정규직교 바탕

정의 **정규직교 집합**

R^n의 벡터 $X_1, X_2, \cdots, X_n \in R^n$의 집합 $S=\{X_1, X_2, \cdots, X_n\}$는

$$X_i \circ X_j = 0 \quad (i \neq j)$$
$$X_i \circ X_j \neq 0 \quad (i = j)$$

일 때, S는 **직교 집합** Orthogonal set 이라 하고, 특히

$$X_i \circ X_j = 1 \quad (i = j)$$

즉, $\|X_i\|=1$ 일 때, S를 **정규직교 집합** Orthonormal set 이라 한다.

정리

$S=\{X_1, X_2, \cdots, X_n\}$가 직교 집합이면 S는 일차독립이다.

증명 $c_1X_1+\cdots+c_nX_n = O$ 일 때, 양변에 X_i를 내적하면

$$c_1X_i \cdot X_1+\cdots+c_iX_i \cdot X_i+\cdots+c_nX_i \cdot X_n=0, \text{ 즉 } c_iX_i \cdot X_i=0$$

$c_i=0, \ i=1, 2, \cdots, n$ ■

정의

R^n의 바탕 S가 직교 집합이면, 직교 바탕 orthogonal basis 이라 하고, 정규직교 집합이면, **정규직교 바탕** orthonormal basis 이라 한다.

정규직교화 과정 Gram-Schmidt

"유한 내적공간은 항상 직교 기저를 갖는다"

R^n의 표준바탕 $\{e_1, e_2, \cdots, e_n\}$처럼 단위벡터들이며, 서로 직교하는 바탕을 구성하는 방법을 알아보자. 정사영벡터의 개념을 이용하여 주어진 바탕으로부터 정규직교 바탕을 구성하는 방법을 알아보자. 바탕 $S=\{X_1, X_2, \cdots, X_n\}$로부터 정규직교 바탕 $T=\{Y_1, Y_2, \cdots, Y_n\}$을 구하여 보자. 일차독립인 벡터 집합 $\{X_1, \cdots, X_n\}$으로부터 정규직교 집합을 구하는 과정을 **알고리즘화**하면 다음과 같다.

1 단계 : $Y_1 = \dfrac{X_1}{\| X_1 \|}$

2 단계 : X_2의 단위벡터 Y_1에 대한 정사영 벡터는 $Proj_{Y_1} X_2 = (X_2 \circ Y_1) Y_1$. 따라서 $X_2 - Proj_{Y_1} X_2$를 단위화한 벡터를 Y_2로 나타내면, $\{Y_1, Y_2\}$는 정규직교 집합이 된다.

3 단계 : 부분공간 $W_2 = \langle Y_1, Y_2 \rangle$ 위로의 X_3의 정사영 벡터는

$$Proj_{W_2} X_3 = \alpha Y_1 + \beta Y_2$$

의 형태로 $(X_3 - Proj_{W_2} X_3) \perp Y_1$, $(X_3 - Proj_{W_2} X_3) \perp Y_2$ 이므로

$$(X_3 - \alpha Y_1 - \beta Y_2) \circ Y_1 = 0$$
$$(X_3 - \alpha Y_1 - \beta Y_2) \circ Y_2 = 0$$

즉, $1 \cdot \alpha + 0 \cdot \beta = X_3 \circ Y_1, \; 0 \cdot \alpha + 1 \cdot \beta = X_3 \circ Y_2$

이므로

$$(X_3 - Proj_{W_2} X_3) = X_3 - (X_3 \circ Y_1) Y_1 - (X_3 \circ Y_2) Y_2$$

이고, 이것을 단위화한 벡터를 Y_3로 쓰면, $\{Y_1, Y_2, Y_3\}$는 정규직교 집합이 된다.

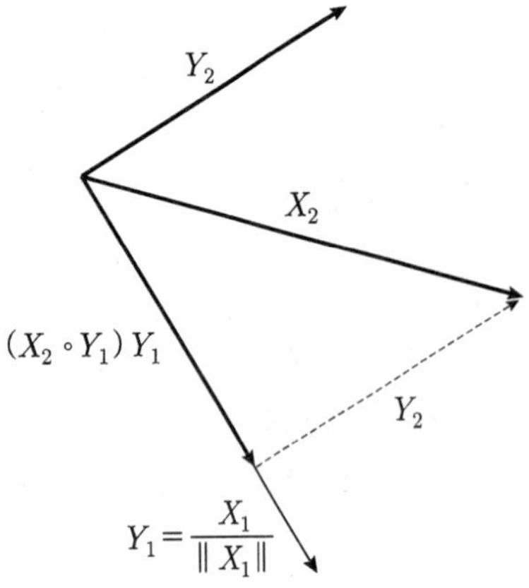

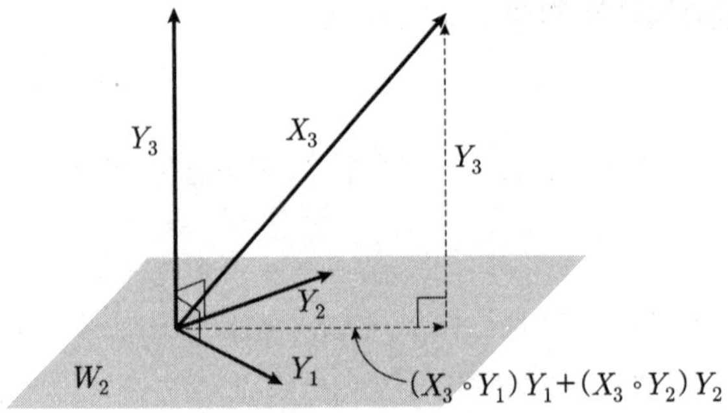

이 과정을 반복하면,

$$X_n - (X_n \circ Y_1) Y_1 - \cdots - (X_n \circ Y_{n-1}) Y_n$$

를 <u>단위화</u>한 벡터를 Y_n이라 쓰면, 우리는 정규직교 집합

$$T = \{Y_1, Y_2, \cdots, Y_n\}$$

를 얻는다.

예제 $X_1 = (1, 1, 0)$, $X_2 = (0, 1, 2)$, $X_3 = (1, 2, 1)$일 때 Gram-Schmidt 정규직교화 과정으로 정규직교 기저를 구하자.

풀이 $$Y_1 = \frac{X_1}{\| X_1 \|} = \frac{1}{\sqrt{2}}(1, 1, 0) \qquad \cdots (1)$$

$$X_2 - Proj\, X_2 = X_2 - (X_2 \cdot Y_1) Y_1$$

$$= (0, 1, 2) - \frac{1}{\sqrt{2}}\left(\frac{1}{\sqrt{2}}, \frac{1}{\sqrt{2}}, 0\right) = \left(-\frac{1}{2}, \frac{1}{2}, 0\right)$$

$$Y_2 = \frac{X_2 - (X_2 \cdot Y_1) Y_1}{\| X_2 - (X_2 \cdot Y_1) Y_1 \|} = \frac{\sqrt{2}}{3}\left(-\frac{1}{2}, \frac{1}{2}, 2\right) \qquad \cdots (2)$$

마찬가지로

$$\begin{aligned} & X_3 - Proj\, X_3 \\ & = X_3 - (X_3 \cdot Y_1)Y_1 - (X_3 \cdot Y_2)Y_2 \\ & = (1,\ 2,\ 1) - \frac{3}{\sqrt{2}}\left(\frac{1}{\sqrt{2}},\ \frac{1}{\sqrt{2}},\ 0\right) - \frac{5\sqrt{2}}{6}\left(-\frac{\sqrt{2}}{6},\ \frac{\sqrt{2}}{6},\ \frac{2\sqrt{2}}{3}\right) \\ & = \left(-\frac{2}{9},\ \frac{2}{9},\ -\frac{1}{9}\right) \end{aligned}$$

따라서

$$Y_3 = 3\left(-\frac{2}{9},\ \frac{2}{9},\ -\frac{1}{9}\right) \qquad \cdots (3)$$

그러므로 구하는 정규직교기저는 $T = \left\{ \begin{pmatrix} \frac{1}{\sqrt{2}} \\ \frac{1}{\sqrt{2}} \\ 0 \end{pmatrix}, \begin{pmatrix} -\frac{\sqrt{2}}{6} \\ \frac{\sqrt{2}}{6} \\ \frac{2\sqrt{2}}{3} \end{pmatrix}, \begin{pmatrix} -\frac{2}{3} \\ \frac{2}{3} \\ -\frac{1}{3} \end{pmatrix} \right\}$. ■

연습문제 4.6

1. 주어진 집합이 정규직교 집합이 되도록 상수 a, b의 값을 구하라.

$$\left\{ \left(\frac{1}{\sqrt{2}},\ 0,\ \frac{1}{\sqrt{2}}\right),\ \left(a,\ \frac{1}{\sqrt{2}},\ -b\right) \right\}$$

2. *Gram-Schmidt* 정규직교화 과정을 이용하여 R^3의 기저 $\{(1,\ -1,\ 0),\ (1,\ 1,\ -1),\ (1,\ -2,\ 1)\}$에 대한 정규직교 기저를 구하라

3. 다음을 증명하여라.

> R^n의 n개의 벡터의 집합 $S = \{X_1,\ X_2,\ \cdots,\ X_n\}$이 정규직교 집합이면 기저가 됨을 보여라.

내적공간과 직합

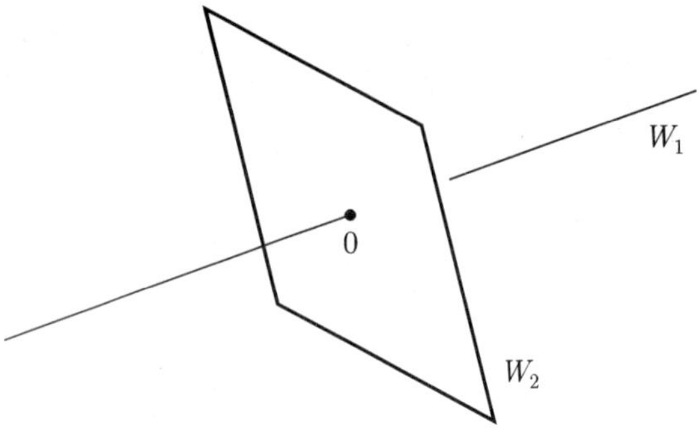

벡터공간을 그 부분공간들로 분해하여 나타내는 방법을 알아 보자.

V의 벡터부분공간 W_1, W_2일 때

$$W_1 + W_2 = \{w_1 + w_2 \mid w_1 \in W_1,\ w_2 \in W_2\}$$

도 V의 부분공간임을 안다. 특히 $W_1 \cap W_2 = \{O\}$에 대하여 $V = W_1 + W_2$일 때 $V = W_1 \oplus W_2$로 쓰고, 벡터공간 V는 W_1, W_2의 **직합** direct sum 이라 한다.

정의

벡터공간 V의 부분공간 W_1, W_2에 대하여

(1) $V = W_1 + W_2$

(2) $W_1 \cap W_2 = \{O\}$

일 때 벡터공간 V는 W_1, W_2의 **직합**이라 하고, 기호로 $V = W_1 \oplus W_2$

예제 $R^2 = R \oplus R$

풀이 왜냐하면 임의의 $(x, y) \in R^2$에 대하여

$$(x, y) = (x, 0) + (0, y)$$

이고 공통부분은 (0, 0)뿐이기 때문이다. ■

참고 그런데 여기서 R은 각각

$$R_x = \{(x,\ 0) \mid x \in R\},\ \ R_y = \{(0,\ y) \mid y \in R\}$$

을 간단히 표기한 것으로, 모두 R^2의 부분공간을 나타낸 것이다.

이를테면, $R^3 = R^2 \oplus R$도 R^2, R은 각각

$$R_{xy}{}^2 = \{(x,\ y,\ 0) \mid x,\ y \in R\},\ \ R_z{}^1 = \{(0,\ 0,\ z) \mid z \in R\}$$

을 간단히 표기한 것으로 R^3의 부분공간들이다.

정사영과 직교보공간

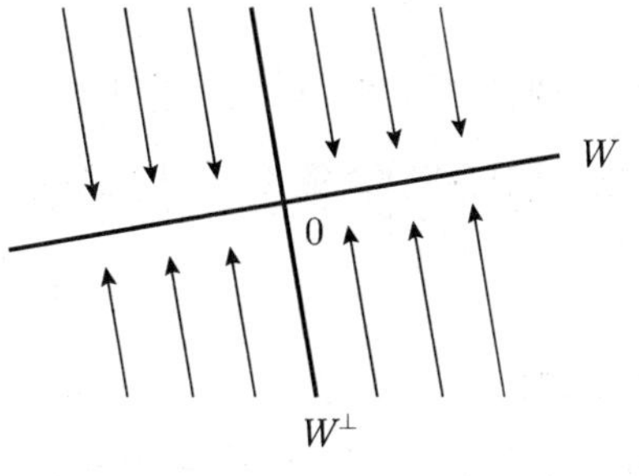

내적공간 V에서

$$u \in V\text{가 모든 } w \in W\text{에 대해서 } \langle u,\ w\rangle = 0$$

일 때 u 부분공간 $W \subseteq V$에 직교한다고 하고, **기호**로 $u \perp W$로 쓴다. 일반적으로

정의

$$W^{\perp} = \{u \in V \mid \langle u,\ w\rangle = 0\ ,\ {}^{\forall}\ w \in W\}$$

를 W의 직교보 orthogonal complement (공간)라 하고, $W-perp$로 읽는다.

실제로 $W^{\perp} \subseteq V$는 부분공간임을 알 수 있다. 다음 정리는 간단하므로 연습으로 남긴다.

정리

내적공간 V의 부분공간 $W \subseteq V$에 대하여

(1) $W^{\perp} \subseteq V$는 부분공간이다.

(2) $W \cap W^{\perp} = \{O\}$

여기서 $V = W \oplus W^{\perp}$이 되는 $W^{\perp}$를 V에 대한 W의 **직교보공간** Orthogonal complement 이라 한다.

예제 $V = P_3$의 내적 $\langle p, q \rangle = \int_0^1 p(t)q(t)\,dt$에 대하여 기저 $\{1, t^2\}$로 생성된 부분공간 $W \subseteq P_3$에 대한 직교보 $W^{\perp}$는 기저 $\left\{3t^3 - \frac{15}{4}t^2 + t,\ 16t^3 - 5t^2 + 1\right\}$임을 알 수 있다. 계산은 연습으로 남기기로 한다.

정리 Projection theorem I

내적공간 V의 유한차원 부분공간 $W \subseteq V$에 대하여

$$V = W \oplus W^{\perp}$$

증명 $dim\ W = m$이라 하자. m개의 벡터로 구성된 W의 기저를 생각하면, Gram-Schmidt 정규직교화 과정에 따라 그 기저를 정규직교 기저 orthonormal basis 로 바꿀 수 있어 $S = \{w_1, \cdots, w_m\}$로 나타내자. 임의의 $v \in V$에 대하여

$$w = \langle v, w_1 \rangle w_1 + \cdots + \langle v, w_m \rangle w_m$$
$$(= proj_W\, v)$$

는 정의에 따라 $w \in W$ ⋯ (1)

한편 $u = v - w \ \ (= v - proj_W \ v)$를 생각하면

$$\begin{aligned} \langle u, w_i \rangle &= \langle v - w, w_i \rangle \\ &= \langle v, w_i \rangle - \left\langle \sum_{i=1}^{m} \langle v, w_i \rangle w_i, w_i \right\rangle \\ &= \langle v, w_i \rangle - \langle v, w_i \rangle = 0, \ i = 1, \cdots, m \end{aligned}$$

로부터 $u \in W^{\perp}$ ⋯ (2)[10] ■

정리 Projection Theorem II

내적공간 V의 유한차원 부분공간 $W \subseteq V$에 대하여

$$(W^{\perp})^{\perp} = W$$

증명 임의의 $w \in W$는 $w \perp u, \ ^{\forall} u \in W^{\perp}$

즉, $w \in (W^{\perp})^{\perp}$이므로 $W \subseteq (W^{\perp})^{\perp}$ ⋯ (1)

역으로 $v \in (W^{\perp})^{\perp}$는 앞의 정리에 따라

$$v = w + u, \ w \in W, \ u \in W^{\perp}$$

로 쓸 수 있다. $u \in W^{\perp}$로부터 $u \perp v, \ u \perp w$. 따라서

$$\begin{aligned} 0 = \langle u, v \rangle &= \langle u, w + u \rangle \\ &= \langle u, w \rangle + \langle u, u \rangle \\ &= \langle u, u \rangle \end{aligned}$$

로부터 $u = O$. 즉, $v = w$가 되어 $v \in W$.

그러므로 $(W^{\perp})^{\perp} \subseteq W$ ⋯ (2)

■

10) 앞 정리의 증명 개요를 살펴보면 $v = (proj_W v) + (v - proj_W v) \in W \oplus W^{\perp}$

4.7 좌표와 바탕 변환

직교좌표계에서 한 점 $P \in R^3$의 좌표 $P(x,\ y,\ z)$는

$$\begin{aligned}(x,\ y,\ z) &= x(1,\ 0,\ 0) + y(0,\ 1,\ 0) + z(0,\ 0,\ 1) \\ &= xi + yj + zk\end{aligned}$$

로 x, y, z는 표준바탕에 대한 좌표인 것이다. R^3의 어떤 바탕 $\{v_1,\ v_2,\ v_3\}$에 대하여

$$(x,\ y,\ z) = \alpha\, v_1 + \beta\, v_2 + \gamma v_3$$

인 α, β, γ가 유일하게 결정되는데, 점 $P \in R^3$의 바탕 $\{v_1,\ v_2,\ v_3\}$에 대한 좌표라 한다.

정의

$S = \{v_1,\ v_2,\ \cdots,\ v_n\}$이 n차원 벡터공간 V의 바탕이면 V에 속하는 임의의 벡터 v는 다음과 같이 유일한 일차결합 형태로 나타남을 알 수 있다.

$$v = c_1 v_1 + c_2 v_2 + \cdots + c_n v_n.$$

$c_1,\ c_2,\ \cdots,\ c_n$을 벡터 v의 **바탕 S에 관한 좌표** coordinates 라 한다.

열벡터 $\begin{pmatrix} c_1 \\ c_2 \\ \vdots \\ c_n \end{pmatrix}$ 또는 행벡터 $(c_1,\ c_2,\ \cdots,\ c_n)$ 형태를 벡터 v의 바탕 S에 관한 좌표벡터라 하며, **기호**로 $[v]_S$로 쓴다.

예제 벡터공간 $P_1 = \{at + b \mid a,\ b \in R\}$의 주 바탕을 $S = \{1,\ t\}$, $T = \{t+1,\ t-1\}$이라 할 때, 벡터 $v = 5t - 2$의 좌표벡터 $[v]_S$, $[v]_T$를 각각 알아보자.

풀이 $5t - 2 = \dfrac{3}{2}(t+1) + \dfrac{7}{2}(t-1)$이므로 $[v]_T = \begin{pmatrix} \dfrac{3}{2} \\ \dfrac{7}{2} \end{pmatrix}$. 마찬가지로 $[v]_S = \begin{pmatrix} 5 \\ -2 \end{pmatrix}$ ■

집합 S가 n차원 벡터공간 V의 바탕일 때, 좌표연산에 대하여 다음이 성립함을 알 수 있다.

정리

$X, Y \in V$, c는 스칼라일 때

$$[X+Y]_S = [X]_S + [Y]_S, \quad [cX]_S = c[X]_S$$

증명 $[X]_S = \begin{pmatrix} x_1 \\ x_2 \\ \vdots \\ x_n \end{pmatrix}$ $[Y]_S = \begin{pmatrix} y_1 \\ y_2 \\ \vdots \\ y_n \end{pmatrix}$일 때

$$X+Y = \sum_{i=1}^{n} x_i v_i + \sum_{i=1}^{n} y_i v_i = \sum_{i=1}^{n} (x_i + y_i) v_i$$

즉, $[X+Y]_S = \begin{pmatrix} x_1 + y_1 \\ x_2 + y_2 \\ \vdots \\ x_n + y_n \end{pmatrix}$ ■

정리에 따라

$$[c_1 v_1 + c_2 v_2 + \cdots + c_n v_n]_S = c_1 [v_1]_S + c_2 [v_2]_S + \cdots + c_n [v_n]_S$$

이 성립함을 알 수 있다. 즉, $T: V \to R^n$, $T(v) = [v]_S$는 선형사상이다.

벡터의 좌표벡터의 성질로부터 주어진 벡터의 성질을 알 수 있다. 다음과 같음을 간단히 이해할 수 있다. 논증은 간단하므로 연습으로 남기기로 한다.

정리

집합 B가 벡터공간 V의 바탕일 때, 다음은 동치이다.

(1) $S = \{v_1, v_2, \cdots, v_n\} \subseteq V$가 V의 바탕이다.

(2) $\{[v_1]_S, [v_2]_S, \cdots, [v_n]_S\} \subseteq R^n$가 R^n의 바탕이다.

4.8 전이transition 행렬

이제 두 집합 $S=\{x_1, x_2, \cdots, x_n\}$, $T=\{y_1, y_2, \cdots, y_n\}$을 n 차원 벡터공간 V의 서로 다른 바탕이라 하자.

이제 임의의 $X \in V$의 두 좌표벡터 $[X]_S$, $[X]_T$ 사이의 관계를 생각해 보자.

$$X = c_1 y_1 + c_2 y_2 + \cdots + c_n y_n$$

즉, $[X]_T = \begin{pmatrix} c_1 \\ c_2 \\ \vdots \\ c_n \end{pmatrix}$일 때

$$[X]_S = [c_1 y_1 + c_2 y_2 + \cdots + c_n y_n]_S$$

좌표연산 성질에 따라

$$= c_1 [y_1]_S + c_2 [y_2]_S + \cdots + c_n [y_n]_S$$

한편, $[y_j]_S = \begin{pmatrix} p_{1j} \\ p_{2j} \\ \vdots \\ p_{nj} \end{pmatrix}$라 하면

$$[X]_S = c_1 \begin{pmatrix} p_{11} \\ p_{21} \\ \vdots \\ p_{n1} \end{pmatrix} + \cdots + c_n \begin{pmatrix} p_{1n} \\ p_{2n} \\ \vdots \\ p_{nn} \end{pmatrix}$$

$$= \begin{pmatrix} c_1 p_{11} + c_2 p_{12} + \cdots + c_n p_{1n} \\ c_1 p_{21} + c_2 p_{22} + \cdots + c_n p_{2n} \\ \vdots \\ c_1 p_{n1} + c_2 p_{n2} + \cdots + c_n p_{nn} \end{pmatrix}$$

$$= \begin{pmatrix} p_{11} & p_{12} & \cdots & p_{1n} \\ p_{21} & p_{22} & \cdots & p_{2n} \\ \vdots & & & \\ p_{n1} & p_{n2} & \cdots & p_{nn} \end{pmatrix} \begin{pmatrix} c_1 \\ c_2 \\ \vdots \\ c_n \end{pmatrix}$$

즉, $[X]_S = P[X]_T$

$[X]_S = P[X]_T$가 성립하는 행렬 $P=(p_{ij})$를 $[X]_T$를 $[X]_S$로 변환시키는 역할을 하므로, 다음과 같이 정의한다.

정의

$[X]_S = P[X]_T$가 성립하는 행렬 $P=(p_{ij})$를 바탕 T에서 바탕 S로의 **전이행렬** transition matrix 이라 하고, **기호**로 $P=[Id]_{T,S}$로 쓰기도 한다.[11]

거꾸로, $[X]_S$를 $[X]_T$로 변환시키는 역할을 하는 전이행렬은 P의 역행렬임을 알 수 있다. 전이행렬 P는 가역행렬임을 보이면 충분하다. 즉, $P[X]_T = O$가 자명한 해 뿐임을 보이자. 논증은 간단하므로 연습으로 남기기로 한다.

정리

$$[X]_T = P^{-1}[X]_S$$

기호로 $P^{-1}=[Id]_{S,T}$로 나타낸다. 또는 $[I]_{S,T}$로 쓴다.

예제 $S=\{e_1, e_2\}$가 R^2의 표준 기저이고, $T=\left\{\begin{bmatrix}1\\2\end{bmatrix}, \begin{bmatrix}-1\\1\end{bmatrix}\right\}$일 때, $P=[I]_{T,S}$를 구하여 보자.

풀이 $\begin{bmatrix}1\\2\end{bmatrix}=\begin{bmatrix}1\\0\end{bmatrix}+2\begin{bmatrix}0\\1\end{bmatrix}$, 그리고 $\begin{bmatrix}-1\\1\end{bmatrix}=-\begin{bmatrix}1\\0\end{bmatrix}+\begin{bmatrix}0\\1\end{bmatrix}$이므로

$P=[I]_{T,S}=\begin{bmatrix}1 & -1\\2 & 1\end{bmatrix}$ ■

11) 5.5절 참조

연습문제 4.8

1. 벡터공간 V의 기저 S에 관한 X의 좌표벡터 $[X]_S$를 구하라.

(1) $V=R^3$ $S=\{(1,\ -2,\ 1),\ (-1,\ 0,\ 1),\ (0,\ 1,\ 0)\}$ $X=(2,\ -1,\ 3)$

(2) $V=M_2$ $S=\left\{\begin{pmatrix}1&0\\0&0\end{pmatrix},\begin{pmatrix}0&-1\\0&0\end{pmatrix},\begin{pmatrix}0&2\\1&0\end{pmatrix},\begin{pmatrix}-3&0\\2&1\end{pmatrix}\right\}$ $X=\begin{pmatrix}-1&2\\3&-4\end{pmatrix}$

(3) $V=P_2$ $S=\{t^2+1,\ t^2-t+1,\ t+1\}$ $X=-3t^2+2t-4$

답 (1) $\left(\frac{5}{2},\ \frac{1}{2},\ 4\right)$ (2) $(-13,\ 20,\ 11,\ -4)$ (3) $(0,\ -3,\ -1)$

2. 집합 S가 n차원 벡터공간 V의 기저일 때, $v_1\in V$, $c_i\in R$에 대하여 다음을 보여라.

$$[c_1v_1+c_2v_2+\cdots+c_nv_n]_S=c_1[v_1]_S+c_2[v_2]_S+\cdots+c_n[v_n]_S$$

3. R^3의 순서기저를 $S=\left\{\begin{pmatrix}1\\0\\1\end{pmatrix},\begin{pmatrix}0\\1\\1\end{pmatrix},\begin{pmatrix}1\\1\\0\end{pmatrix}\right\}$라 할 때 다음 선형변환 $L:R^3\to R^3$,

$L\begin{pmatrix}x\\y\\z\end{pmatrix}=\begin{pmatrix}x-y\\y-x\\x-z\end{pmatrix}$ 에 대하여 $A=[L]_S$를 구하라.

답 $\begin{pmatrix}1&-\frac{3}{2}&\frac{1}{2}\\-1&\frac{1}{2}&\frac{1}{2}\\0&\frac{1}{2}&-\frac{1}{2}\end{pmatrix}$

4. $dim\ V<\infty$일 때 선형변환 $L:V\to V$, $L(X)=kX$(실수 k)에 대하여 기저 S에 대한 $[L]_S$는 스칼라행렬임을 보여라.

5. R^2의 두 기저 $S=\{(0,1),\ (1,2)\}$ $T=\{(1,1),\ (2,3)\}$과 두 벡터 $X=(5,4)$, $Y=(1,5)$에 대하여 다음을 구하라.

(1) 기저 S에 관한 X, Y의 좌표벡터

(2) 기저 T에 관한 X, Y의 좌표벡터

(3) 기저 T에서 기저 S로의 전이행렬 $P=[I]_{T,S}$

(4) 기저 S에서 기저 T로의 전이행렬 $Q=[I]_{S,T}$

답 (1) $X=(-6,5)_S$, $Y=(3,1)_S$

(2) $X=(7,-1)_T$, $Y=(-7,4)_T$

(3) $[I]_{T,S}=\begin{pmatrix}-1 & -1\\ 1 & 2\end{pmatrix}$

(4) $[I]_{S,T}=\begin{pmatrix}-2 & -1\\ 1 & 1\end{pmatrix}$

6. 본문의 정리를 증명하여라.

Chapter 5

선형변환과 행렬

5.1 선형변환

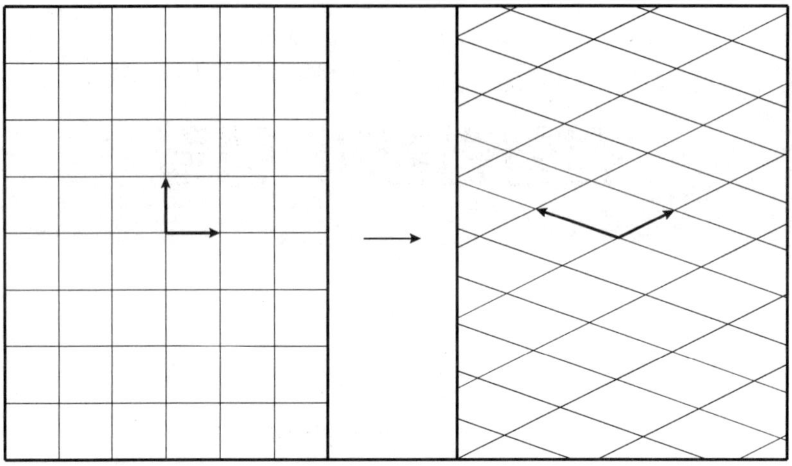

벡터공간 V, W에 대하여 V의 각 벡터 v에 W의 벡터 w를 대응시키는 것을 V에서 W로의 사상 mapping 이라 하고 $L: V \to W$로 나타낸다. 이때 w를 L에 의한 v의 상이라 하고, $w = L(v)$로 나타낸다. 사상 mapping 은 함수 function 의 일반화된 용어이며, 특히 동적 의미를 강조할 때 변환 transform 이라고도 한다.

정의

벡터공간 V, W 상의 사상 mapping $L: V \to W$이

(1) $L(v_1 + v_2) = L(v_1) + L(v_2)$, $v_i \in V$

(2) $L(\alpha v) = \alpha L(v)$, $v \in V$, $\alpha \in R$

을 만족하는 것을 **선형사상** a linear mapping 이라 한다.[1]

---

1) 선형사상 $L: V \to W$에 대하여
전·단사 iso-morphism **동형사상**
$V = W$인 경우 전·단사 auto-morphism **(자기)동형사상**

예제 $$L: R^2 \rightarrow R^3,\ L\begin{pmatrix} x \\ y \end{pmatrix} = \begin{pmatrix} x \\ y \\ x-y \end{pmatrix}$$

는 선형변환이다.

예제 $L: R^3 \rightarrow R^2,\ L(x,\ y,\ z) = (x,\ y)$는 선형변환이다. 이러한 선형변환을 **정사영** orthogonal projection 이라 한다. 자세한 내용은 나중에 다루기로 한다.

예제 $L: R^2 \rightarrow R^2\ L\begin{pmatrix} x \\ y \end{pmatrix} = \begin{pmatrix} x \\ y+1 \end{pmatrix}$는 선형변환이 아님을 보이자. 이것은 평행이동을 나타내는 변환이다. 자세한 내용은 부록 참조.

풀이 $u = \begin{pmatrix} x_1 \\ y_1 \end{pmatrix},\ v = \begin{pmatrix} x_2 \\ y_2 \end{pmatrix}$에 대하여

$$L(u+v) = L\begin{pmatrix} x_1 + y_1 \\ x_2 + y_2 \end{pmatrix} = \begin{pmatrix} x_1 + x_2 \\ y_1 + y_2 + 1 \end{pmatrix}$$

그러나

$$L(u) + L(v) = \begin{pmatrix} x_1 \\ y_1 + 1 \end{pmatrix} + \begin{pmatrix} x_2 \\ y_2 + 1 \end{pmatrix} = \begin{pmatrix} x_1 + x_2 \\ y_1 + y_2 + 2 \end{pmatrix}$$ ■

벡터공간상의 선형변환들

예제 $L: P_1 \rightarrow P_2,\ L(p(x)) = x \cdot p(x)$는 선형변환이다.

예제 $L: M_n \rightarrow R,\ L(A) = tr\ (A) = \sum_{i=1}^{n} a_{ii}$는 선형변환이다.

여기서 $A \in M_n,\ A = (a_{ij})$

예제 $L: C[0,1] \to R,\ L(f) = \int_0^1 f(x)\,dx$는 선형변환이다.

예제 벡터공간 W를 모든 실수값 함수의 집합이라 하고, V를 W의 부분집합으로 미분 가능한 함수의 집합이라 할 때,

$$L: V \to W,\ L(f) = f'(x)$$

는 선형변환이다.

정의
$L: V \to W$, 모든 $v \in V$에 대하여 $L(v) = v$인 L을 **항등변환**이라 하고, 간단히 기호로 Id로 나타낸다.
$L: V \to W$, 모든 $v \in V$에 대하여 $L(v) = O$인 L을 **영변환**이라 하고, 간단히 기호로 O로 나타낸다.

정의 **행렬곱 변환** matrix transformation
행렬 $A \in M_{m \times n}$에 대하여

$$L: R^n \to R^m,\ L(X) = AX$$

인 L을 **행렬곱 변환**이라 한다.

행렬곱 변환 L은 행렬의 연산의 성질로부터 선형변환임은 쉽게 알 수 있다.

예제 앞 예제에서 주어진 선형변환 $L\begin{pmatrix} x \\ y \end{pmatrix} = \begin{pmatrix} x \\ y \\ x-y \end{pmatrix}$도 실제로는 행렬곱 변환으로 고칠 수 있음을 알 수 있다.

풀이 $L: R^2 \to R^3$, $L\begin{pmatrix} x \\ y \end{pmatrix} = \begin{pmatrix} x \\ y \\ x-y \end{pmatrix}$에 대하여

$$L\begin{pmatrix} x \\ y \end{pmatrix} = \begin{pmatrix} 1 & 0 \\ 0 & 1 \\ 1 & -1 \end{pmatrix}\begin{pmatrix} x \\ y \end{pmatrix}$$

로 고칠 수 있으며, 여기서 $A = \begin{pmatrix} 1 & 0 \\ 0 & 1 \\ 1 & -1 \end{pmatrix} \in M_{3\times 2}$이다. ■

연습문제 5.1

1. 벡터공간 V, W에 대하여 $L: V \to W$가 선형변환일 필요충분조건

$$L(av_1 + bv_2) = aL(v_1) + bL(v_2)$$

임을 보여라. 단 a, b는 실수, v_1, $v_2 \in V$

2. 다음은 선형변환임을 보여라.

(1) $L: P_1 \to P_2$, $L(p(x)) = x \cdot p(x)$

(2) $L: M_n \to R$, $L(A) = tr(A)$

(3) $L: C[0,1] \to R$, $L(f) = \int_0^1 f(x)\,dx$

(4) W는 실수값 함수의 벡터공간, $V(\subseteq W)$는 미분가능한 함수의 부분공간일 때

$$L: V \to W,\ L(f) = f'(x)$$

3. 다음은 선형변환이 아니다. 그 이유를 밝혀라.

(1) $L: P_2 \to P_2$ $L(a + bx + cx^2) = (cx)^2$

(2) $L: R^3 \to R^2$ $L(x,\ y,\ z) = (|x|,\ 0)$

(3) $L: R \to R^2$ $L(t) = (t,\ 1)$

(4) $L: M_2 \to R \;\; L(A) = |A|$

4. 동시에 0은 아닌 두 실수 a, b에 대하여 $L: R^2 \to R^2 \;\; L(x,\ y) = (x+a,\ y+b)$로 정의되는 평행이동은 선형변환이 아님을 보여라.

5. 선형변환 $L: R^3 \to R^2$

$$L(1,\ 0,\ 0) = (2,\ -4),\ \ L(0,\ 1,\ 0) = (3,\ -5),\ \ L(0,\ 0,\ 1) = (2,\ 3)$$

에 대하여 다음을 구하라.

(1) $L(1,\ 2,\ 3)$

(2) $L(1,\ 1,\ -1)$

답 (1) $(14, -5)$ (2) $(3, -12)$

6. $L: M_n \to R,\ L(A) = tr\ A$는 선형사상임을 보여라.

단, $tr\ A = a_{11} + \cdots + a_{nn}$는 대각합 trace 이다.

부록

정리

벡터공간 V, W에 대하여 $\{v_1, \cdots, v_n\}$을 V의 기저, $\{w_1, \cdots, w_n\}$을 W의 기저라 할 때,

$$L: V \to W,\ L(v_i) = w_i \quad i = 1,\ 2,\ \cdots,\ n$$

가 되는 선형사상은 유일하게 존재한다.

증명 (존재성) 임의의 $v \in V$는 $v = c_1 v_1 + \cdots + c_n v_n$로 유일하게 나타나므로

$$L(c_1 v_1 + \cdots + c_n v_n) = c_1 w_1 + \cdots + c_n w_n$$

로 정의하게 되면 $L: V \to W,\ L(v_i) = w_i \quad i = 1,\ 2,\ \cdots,\ n$인 선형사상임을 알 수 있다.

(유일성) $L(v_i) = L'(v_i) = w_i,\ i = 1,\ 2,\ \cdots,\ n$라 하면, 임의의 $v \in V$는 $v = c_1 v_1 + \cdots + c_n v_n$로 나타나므로

$$\begin{aligned} L(v) &= L(c_1 v_1 + \cdots + c_n v_n) \\ &= c_1 L(v_1) + \cdots + c_n L(v_n) \\ &= c_1 L'(v_1) + \cdots + c_n L'(v_n) \\ &= L'(c_1 v_1 + \cdots + c_n v_n) = L'(v),\ \text{즉 } L = L' \end{aligned}$$

■

5.2 선형변환의 성질

선형변환의 기본적인 성질 몇 가지를 알아보자. $L: V \to W$이 선형변환일 때, 선형변환의 정의로부터 다음을 쉽게 알 수 있다. 여기서 O는 벡터연산의 항등원인 영벡터를 나타낸다.

$L: V \to W$이 선형변환일 때, 선형사상 정의의 직접적 결과이다. 논증은 간단하므로 연습으로 남긴다.

정리

$$L(O) = O$$

앞으로 L의 핵 Kernel은

$$Ker\,L = \{v \in V \mid L(v) = O\},\ \text{즉}\ Ker\,L = L^{-1}(O)$$

로 정의한다. 다음 증명은 간단하므로 연습으로 남긴다.

정리

$Ker\,L$ 은 V의 부분공간이다.

$Ker\,L \subseteq V$은 부분공간이므로 선형변환 L의 **핵공간** Kernel 이라 한다. 선형변환은 단사(또는 $1-1$)인지 아닌지 알려면, 그 핵공간 $Ker\,L$이 영공간인지 아닌지 여부를 판별하면 된다.

Main 정리

L이 단사일 필요충분조건은 $Ker\,L = \{O\}$[2)]

---

2) (단사) $v_1 \neq v_2 \Rightarrow L(v_1) \neq L(v_2)$, 즉 $L(v_1) = L(v_2) \Rightarrow v_1 = v_2$

증명 $^{\forall}v \in Ker\,L$에 대하여

$$L(v) = O = L(O).$$

L이 단사이므로

$$v = O.$$

역으로, $L(v_1) = L(v_2)$일 때

$$\begin{aligned} O &= L(v_1) - L(v_2) \\ &= L(v_1 - v_2) \end{aligned}$$

즉

$$v_1 - v_2 \in Ker\,L$$

$Ker\ L = \{O\}$이므로

$$v_1 = v_2$$ ■

핵공간과 마찬가지로, 선형변환 L의 치역(또는 상집합)

$$Im\,L = \{L(v) \in W \mid v \in V\}$$

도 부분공간이 됨을 알 수 있다. 증명은 간단하므로 연습으로 남긴다.

정리

$Im\ L \subseteq W$는 부분공간이다

예제 선형변환 $f: R^2 \to R^2$ $f\begin{pmatrix} x \\ y \end{pmatrix} = \begin{pmatrix} x-y \\ y-x \end{pmatrix}$에 대한 $Ker\ f$, $Im\ f$는 각각 그림과 같다.

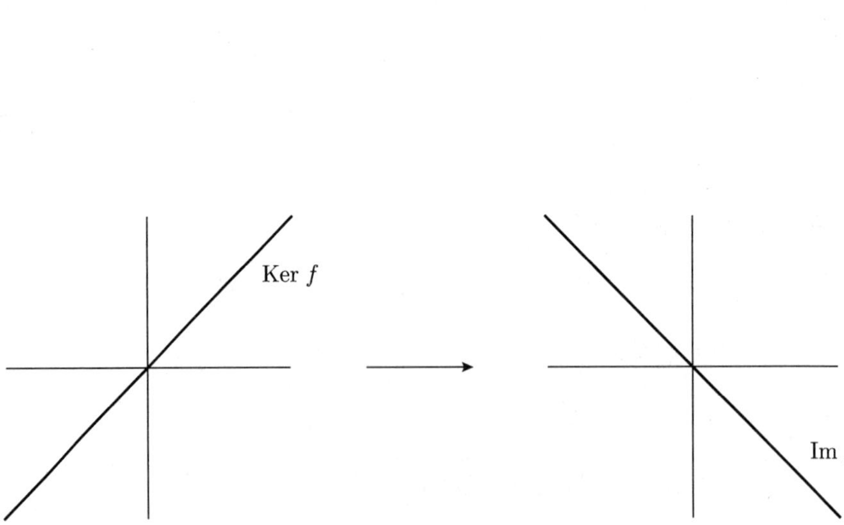

Kernel and image of the linear map $f: \mathbb{R}^2 \to \mathbb{R}^2,\ (x, y) \mapsto (x-y, y-x)$

Main 정리

$$dim\ V = dim\ (Ker L) + dim(Im\ L)$$

증명의 개요

(1) $Im\ L = O$인 경우, $Ker\ L = V$이므로 자명하다.

(2) $Im\ L \neq O$인 경우, $Ker\ L \neq V$이므로 $dim\ (Ker\ L) = r$로 쓰면 $r < n$. $Ker\ L$의 기저를 $\{v_1, \cdots, v_r\}$이라 하면, $dim\ V = n$이므로 $(n-r)$개의 벡터 $\{v_{r+1}, \cdots, v_n\}$이 존재하여 집합 $S = \{v_1, \cdots, v_r, v_{r+1}, \cdots, v_n\}$이 V의 기저가 된다. 이때, $T = \{L(v_{r+1}), \cdots, L(v_n)\}$는 $Im\ L$의 기저 됨을 알 수 있다. ■

(밑줄 부분에 대한 자세한 증명) 증명 과정에서 $T = \{L(v_{r+1}), \cdots, L(v_n)\}$는 $Im\ L$의 기저임을 보이자.

임의의 $w \in Im\ L$에 대하여 $w = L(v)$인 $v \in V$가 존재하고, S는 V의 기저이므로

$$v = c_1 v_1 + \cdots + c_r v_r + c_{r+1} v_{r+1} + \cdots + c_n v_n$$

로 쓸 수 있다. $\{v_1, \cdots, v_r\}$은 $Ker\ L$의 기저이므로

$$w = L(v) = c_{r+1} L(v_{r+1}) + \cdots + c_n L(v_n)$$

따라서 $T=\{L(v_{r+1}),\ \cdots,\ L(v_n)\}$는 $Im\ L$을 생성한다. $\cdots$ (1)

한편 $k_{r+1}L(v_{r+1})+\cdots+k_nL(v_n)=0$라 하면,

$$L(k_{r+1}v_{r+1}+\cdots+k_nv_n)=0,\ \text{즉}$$
$$(k_{r+1}v_{r+1}+\cdots+k_nv_n)\in Ker\ L$$

이므로 $Ker\ L$의 기저를 $\{v_1,\ \cdots,\ v_r\}$에 대하여

$$k_{r+1}v_{r+1}+\cdots+k_nv_n=k_1v_1+\cdots+k_rv_r\ \text{즉,}$$
$$-k_1v_1-\cdots-k_rv_r+k_{r+1}v_{r+1}+\cdots+k_nv_n=0$$

로 쓸 수 있는데, S는 기저이므로

$$(k_1=\cdots=k_r=)\ k_{r+1}=\cdots=k_n=0$$

이므로 T는 일차독립임을 알 수 있다. $\cdots$ (2)

(1) (2) 로부터 T는 $Im\ L$의 기저. ■

예제 $3x-2y+z=0$의 영공간의 차원을 생각해 보자.3)

풀이 $L(x,\ y,\ z)=3x-2y+z$로 쓰면, 선형변환 $L: R^3\to R^1$

$$L\begin{pmatrix}x\\y\\z\end{pmatrix}=3x-2y+z$$

를 생각할 수 있다. 따라서 $dim(Im\ L)=1$. 그런데 연립방정식 해의 집합(영공간)은 선형변환 L의 핵 공간 $Ker\ L$에 해당한다. 그러므로 앞 정리에 따라

$$dim(Ker\ L)=3-1(=2)$$

로 영공간의 차원은 2이다. ■

3) 이것은 벡터 $[3,-2,1]$을 법(수직)으로 하는 원점을 지나는 평면의 방정식이다.

실제로

$$L\begin{pmatrix}x\\y\\z\end{pmatrix}=3x-2y+z=(3\ \ -2\ \ 1)\begin{pmatrix}x\\y\\z\end{pmatrix}$$

로 쓰면, 계수행렬 $A=(3\ \ -2\ \ 1)$은 1×3 행렬이고

$$null(A)=\left\{\begin{pmatrix}x\\y\\z\end{pmatrix}\in R^3 \mid\ 3x-2y+z=0\right\}$$

$$=\left\{\begin{pmatrix}x\\y\\-3x+2y\end{pmatrix}\right\}$$

그런데

$$\begin{pmatrix}x\\y\\-3x+2y\end{pmatrix}=\begin{pmatrix}x\\0\\-3x\end{pmatrix}+\begin{pmatrix}0\\y\\2y\end{pmatrix}=x\begin{pmatrix}1\\0\\-3\end{pmatrix}+y\begin{pmatrix}0\\1\\2\end{pmatrix}$$

로 쓰면 x, y는 자유변수이고, 영공간은

$$null\ (A)=\left\langle\begin{pmatrix}1\\0\\-3\end{pmatrix},\begin{pmatrix}0\\1\\2\end{pmatrix}\right\rangle$$

로 두 벡터가 생성하는 공간이다. 이것은 두 벡터를 품는 평면상의 점들의 위치벡터들의 공간이다. 앞 예제와 같이

$$dim\ (Im\ L)=rank\,(A)$$

$$dim\,(Ker\ L)=nullity\,(A)$$

임을 알 수 있다. 따라서 5장 Main 정리의 행렬 버전은 4장 Main 정리임을 알 수 있다. (논증은 다음 절 마지막에 하기로 한다)

4장 Main 정리

$$rank(A)+nullity(A)=dim\ V$$

5.3 표준행렬

앞에서 행렬변환을 보았다. 즉, $A \in M_{m,n}$일 때, 모든 $X \in R^n$에 대하여 $L(X) = AX$로 정의하면, $L: R^n \to R^m$인 선형변환이다.

이 절에서는

(1) 모든 선형변환 $L: R^n \to R^m$은 행렬변환임을 보이고, 그 표준행렬을 정의한다. 따라서 선형변환 $L: R^n \to R^m$과 표준행렬 A는 일대일 대응이 됨을 알 수 있다.
(2) 평면상의 선형변환 $L: R^2 \to R^2$과 그 표준행렬을 알아보기로 한다. 또 변환의 기하적 의미를 알아보기로 한다.

Main 정리

$L: R^n \to R^m$이 선형변환이면,

$$X \in R^n \text{에 대하여 } L(X) = AX$$

인 행렬 $A \in M_{m,n}$가 존재한다.

증명

$$X = \begin{pmatrix} x_1 \\ x_2 \\ \vdots \\ x_n \end{pmatrix} = \begin{pmatrix} x_1 \\ 0 \\ \vdots \\ 0 \end{pmatrix} + \cdots + \begin{pmatrix} 0 \\ 0 \\ \vdots \\ x_n \end{pmatrix} = x_1 e_1 + \cdots + x_n e_n$$

로 쓰면

$$\begin{aligned} L(X) &= L(x_1 e_1 + \cdots + x_n e_n) \\ &= x_1 L(e_1) + \cdots + x_n L(e_n) \end{aligned}$$

여기서 L의 대응규칙에 따라

$$L(e_1) = \begin{pmatrix} a_{11} \\ a_{12} \\ \vdots \\ a_{m1} \end{pmatrix} \cdots L(e_n) = \begin{pmatrix} a_{1n} \\ a_{2n} \\ \vdots \\ a_{mn} \end{pmatrix}$$

로 나타나면

$$L(X)=\begin{pmatrix} x_1a_{11}+\cdots+x_na_{1n} \\ x_1a_{12}+\cdots+x_na_{2n} \\ \vdots \\ x_1a_{m1}+\cdots+x_na_{mn} \end{pmatrix}$$

$$=\begin{pmatrix} a_{11} & a_{12} & \cdots & a_{1n} \\ a_{21} & a_{22} & \cdots & a_{2n} \\ \vdots & & & \\ a_{m1} & a_{m2} & \cdots & a_{mn} \end{pmatrix}\begin{pmatrix} x_1 \\ x_2 \\ \vdots \\ x_n \end{pmatrix}=AX$$

여기서 행렬 A는 $L(e_1)$을 열벡터 형태로 행렬의 1열, 반복하여 $L(e_n)$을 열벡터 형태로 행렬의 n열에 둔 것이다. ■

정의

$X \in R^n$에 대하여

$$L(X)=AX$$

인 행렬 $A \in M_{m,n}$을 선형변환 L의 **표준행렬** a standard matrix 이라 한다.

예제 선형변환 $L: R^2 \to R^3$, $L\begin{pmatrix} x \\ y \end{pmatrix}=\begin{pmatrix} x-y \\ x+y \\ 3x-y \end{pmatrix}$의 표준행렬을 구하자.

풀이 $\begin{pmatrix} 1 \\ 1 \\ 3 \end{pmatrix}=L(e_1)=L\begin{pmatrix} 1 \\ 0 \end{pmatrix}$ $\begin{pmatrix} -1 \\ 1 \\ 1 \end{pmatrix}=L(e_2)=L\begin{pmatrix} 0 \\ 1 \end{pmatrix}$이므로

L의 표준행렬 $A=\begin{pmatrix} 1 & -1 \\ 1 & 1 \\ 3 & -1 \end{pmatrix}$ ■

예제에서 $L\begin{pmatrix} x \\ y \end{pmatrix}=\begin{pmatrix} x-y \\ x+y \\ 3x-y \end{pmatrix}=\begin{pmatrix} 1 & -1 \\ 1 & 1 \\ 3 & -1 \end{pmatrix}\begin{pmatrix} x \\ y \end{pmatrix}$로 쓰면 간단히 L의 표준행렬을 얻는다.

연습문제 5.3

1. $L: R^3 \to R^3$, $L(x, y, z) = (x+2y-z, y+z, x+y-2z)$일 때 다음을 구하라.

(1) $dim(Ker\ L)$

(2) $dim(Im\ L)$

답 (1) 2, (2) 1

2. 선형변환 $L: P_2 \to P_3$, $L(p(x)) = x \cdot p(x)$에 대하여 $Ker\,L$을 구하라.

답 $Ker\,L = \{O\}$

3. 차수가 n차인 다항식 $p(x) = a_0 + a_1 x + \cdots + a_n x^n$을 벡터 $(a_0, a_1, \cdots, a_n)$으로 보았을 때

(1) $p(x) \mapsto p'(x)$에 대응하는 행렬을 구하여라.

(2) $p(x) \mapsto x \cdot p(x)$에 대응하는 행렬을 구하여라.

답 (1) $P = \begin{pmatrix} 0 & 1 & 0 & \cdots & 0 & 0 \\ 0 & 0 & 2 & 0 & \cdots & 0 \\ \vdots \\ 0 & & \cdots & & & n \end{pmatrix}$, (2) $P = \begin{pmatrix} 0 & 0 & \cdots & 0 & 0 \\ 1 & 0 & \cdots & & 0 \\ 0 & 1 & 0 & \cdots & 0 \\ \vdots \\ 0 & & \cdots & 0 & 1 \end{pmatrix}$

4. 행렬 $P = \begin{pmatrix} 1 & 2 \\ 0 & 3 \end{pmatrix}$에 대하여 선형변환 $L: M_2 \to M_2$, $L(X) = XP - PX$에 대하여 $Ker\ L$의 기저를 구하라.

답 $\left\{ \begin{pmatrix} 1 & 0 \\ 0 & 1 \end{pmatrix}, \begin{pmatrix} 0 & 1 \\ 0 & 1 \end{pmatrix} \right\}$

5. 선형변환 $L: V \to W$가 전사이면 $dim\,W \le dim\,V$임을 보여라.

6. **단사**인 선형사상에 대하여 일차독립인 벡터들의 상들도 역시 일차독립임을 보여라.

7. $L(x, y) = (x-y, y-x)$로 주어진 선형변환 $L: R^2 \to R^2$에 대하여

$R^2 = ker\, L \oplus Im\, L$을 보이시오.

8. 선형변환 $L: R^2 \to R^2$에 대하여 다음 각각의 경우에 대한 $Im\, L$은 어떤 집합인지 말하시오.

(1) $\dim(Ker\ L) = 0$

(2) $\dim(Ker\ L) = 1$

(3) $\dim(Ker\ L) = 2$

> **정의** **동형사상**
> 두 벡터공간 V, W 사이에 $L: V \to W$ 전·단사인 선형사상을 동형사상 isomorphism 이라 한다. 이때 V와 W는 동형 isomorphic 이라 한다.

9. R^4와 M_2는 동형임을 보여라.

10. n차원 (실)벡터공간 V는 R^n과 동형임을 보여라.

힌트 V의 기저 S에 대하여 $L: V \to R^n$, $L(X) = [X]_S$

11. 선형사상 $L: R^n \to R^n$이 역사상을 가지면, 그 역사상도 선형사상임을 보여라.

12. $n \neq m$일 때 R^n과 R^m 사이에는 전·단사인 선형사상이 존재하지 않음을 보여라.

13. 본문의 다음 정리를 (1), (2)로 나누어 증명하여라.

> **정리**
> $dim\, V = dim\, W$일 때 선형사상 $L: V \to W$에 대하여 $Ker\, L = \{O\}$ 또는 $Im\, L = W$일 때, L은 동형사상이다.

(1) $Im\, L = W$이면, $Ker\, L = \{O\}$임을 보여라.

(2) $Ker\ L = \{O\}$이면, $Im\ L = W$임을 보여라.

14. 선형변환 $L: P_1 \to R^2$가 $L(p(x)) = \begin{pmatrix} \int_0^1 p(x)\,dx \\ p(0) \end{pmatrix}$에 대하여 $L(ax+b) = A\begin{pmatrix} b \\ a \end{pmatrix}$로 나타낼 때

(1) 행렬 A를 구하라.

(2) $rank\ \ A$와 $\dim(Ker\ L)$를 각각 구하라.

(3) L은 동형사상인지 말하여라.

답 (1) $A = \begin{pmatrix} 1 & \frac{1}{2} \\ 1 & 0 \end{pmatrix}$

(2) $rank\ A = 2$, $\dim(Ker\ L) = 0$

(3) yes, 왜냐하면 $Ker\ L = \{O\}$이므로 L은 단사.

한편 $\dim(P_1) = \dim R^2$이므로 L은 단사 $\Rightarrow L$은 전사.

4장 정리

행렬 $A \in M_{m \times n}$에 대하여

$$r(A) = c(A)$$

증명 $AX = O$, 즉

$$\begin{pmatrix} a_{11} & a_{12} & \cdots & a_{1n} \\ \vdots & & & \\ a_{m1} & a_{m2} & \cdots & a_{mn} \end{pmatrix}\begin{pmatrix} x_1 \\ x_2 \\ \vdots \\ x_n \end{pmatrix} = \begin{pmatrix} 0 \\ 0 \\ \vdots \\ 0 \end{pmatrix}$$

에서 $V = (A$의 행공간$)$ 쓰면 $V\ (\subseteq R^n)$이고 $X = \begin{pmatrix} x_1 \\ x_2 \\ \vdots \\ x_n \end{pmatrix} \in V^{\perp}$.

$R^n = V \oplus V^{\perp}$로 나타낼 수 있으므로

$$n = dim\ V + dim\ V^{\perp},\ \text{그런데}$$

$dim\ V = r(A)\,(= A$의 행계수$)$, $dim\ V^{\perp} = nullity(A)\,(= A$의 영공간

차원)이므로

$$n = r(A) + nullity\ (A) \qquad \cdots (1)$$

한편, $L:\ R^n \to R^m$, $L(X) = AX$을 생각하면 **5장 main 정리** $dim\ R^n = dim\ (Ker\ L) + dim\,(Im\ \ L)$에서

$$dim\ (Ker\ L) = dim\ \{X \in R^n \mid\ AX = 0\} = Nullity\ (A)$$

한편

$$\begin{pmatrix} a_{11} & a_{12} & \cdots & a_{1n} \\ \vdots & & & \\ a_{m1} & a_{m2} & \cdots & a_{mn} \end{pmatrix} \begin{pmatrix} x_1 \\ x_2 \\ \vdots \\ x_n \end{pmatrix} = \begin{pmatrix} a_{11}x_1 + \cdots + a_{1n}x_n \\ a_{21}x_1 + \cdots + a_{2n}x_n \\ \vdots \\ a_{m1}x_1 + \cdots + a_{mn}x_n \end{pmatrix}$$

$$= x_1 \begin{pmatrix} a_{11} \\ a_{21} \\ \vdots \\ a_{m1} \end{pmatrix} + x_2 \begin{pmatrix} a_{12} \\ a_{22} \\ \vdots \\ a_{m2} \end{pmatrix} + \cdots + x_n \begin{pmatrix} a_{1n} \\ a_{2n} \\ \vdots \\ a_{mn} \end{pmatrix}$$

로 쓰면

$$Im\ L = (A\text{의 열공간}) = col\ (A)$$

따라서

$$dim\,(Im\ \ L) = (A\text{의 열계수}) = c(A)$$

즉,

$$n = nullity(A) + c(A) \qquad \cdots (2)$$

(1), (2)를 비교하면

$$r(A) = c(A)$$ ■

5.4 행렬곱 변환

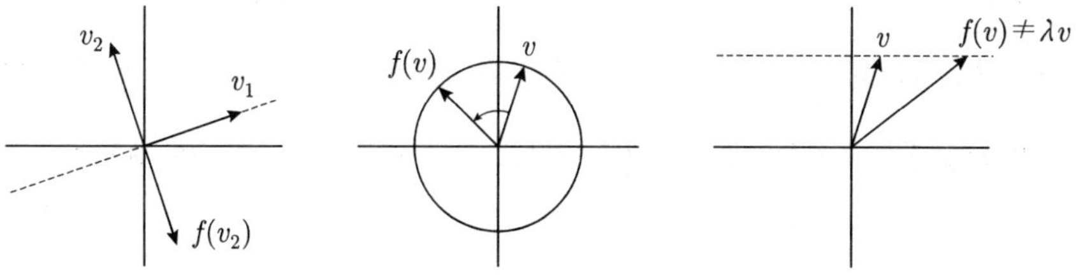

Reflection　　Rotation through an angle $0 < \phi < \pi$　　Shear $\begin{pmatrix} 1 & 1 \\ 0 & 1 \end{pmatrix}$

정리

주어진 행렬 A를 곱하는 사상

$$L: R^2 \to R^2,\ X \to AX$$

로 주어지는 변환은 선형변환이다.

행렬 A에 대하여 선형변환 $L: R^2 \to R^2,\ X \to AX$을 **행렬곱 변환**이라 한다. 이때 여러 가지 형태의 행렬 A에 따른 변환의 효과를 알아보자. **가역 변환**과 **비가역 변환**으로 나누어 알아보기로 한다. 앞에서 배운 대로 이는 행렬 A가 가역행렬, 비가역행렬 여부에 달린 것이다. 대표적인 것으로 다음과 같은 것들을 생각할 수 있다. 참고로 내적 공간상의 행렬곱 변환의 대표적인 것은 **직교(행렬곱) 변환**으로 6장에서 정리하기로 한다.

대표적인 행렬곱 변환들을 둘로 가역, 비가역으로 나누어 살펴보자.

A. 가역 변환

회전 rotation [4)]

특정한 각에 대하여 $\begin{pmatrix} cos\ \theta & -sin\ \theta \\ sin\ \theta & cos\ \theta \end{pmatrix}$ 형태로 쓸 수 있는 행렬로 주어지는 행렬변환이다. 평면상의 점을 원점둘레, (반시계방향으로) θ만큼 회전시키는 효과가 있다.

예제 $\begin{pmatrix} \frac{\sqrt{3}}{2} & -\frac{1}{2} \\ \frac{1}{2} & \frac{\sqrt{3}}{2} \end{pmatrix}$로 주어지는 행렬변환은 회전변환임을 알아보고, 점 $(5,\ \sqrt{3})$은 어떤 점으로 바뀌는지 알아보자.

풀이 $\begin{pmatrix} cos\ \frac{\pi}{6} & -sin\ \frac{\pi}{6} \\ sin\ \frac{\pi}{6} & cos\ \frac{\pi}{6} \end{pmatrix}$

이므로 원점둘레, 반시계방향으로 $\frac{\pi}{6}$만큼 회전변환이다. 또,

$$\begin{pmatrix} \frac{\sqrt{3}}{2} & -\frac{1}{2} \\ \frac{1}{2} & \frac{\sqrt{3}}{2} \end{pmatrix}\begin{pmatrix} 5 \\ \sqrt{3} \end{pmatrix} = \begin{pmatrix} 2\sqrt{3} \\ 4 \end{pmatrix}$$

■

확대-축소 magnification

대각행렬 $\begin{pmatrix} a_1 & 0 \\ 0 & a_2 \end{pmatrix}$ 형태로 주어지는 행렬곱 변환이다. 단, $a_1,\ a_2 > 0$

예제 확대-축소 magnification 의 효과를 그림으로 살펴보자.

행렬 $A = \begin{pmatrix} 1 & 0 \\ 0 & 3 \end{pmatrix}$의 곱변환에 의한 타원 $\frac{x^2}{9} + \frac{y^2}{1} = 1$의 상 image 를 그려보자.

---

4) 표현행렬 구성은 5.3절 해설 참조

풀이 $\begin{pmatrix} x' \\ y' \end{pmatrix} = \begin{pmatrix} 1 & 0 \\ 0 & 3 \end{pmatrix}\begin{pmatrix} x \\ y \end{pmatrix}$, 즉 $\begin{pmatrix} x \\ y \end{pmatrix} = \begin{pmatrix} 1 & 0 \\ 0 & \frac{1}{3} \end{pmatrix}\begin{pmatrix} x' \\ y' \end{pmatrix}$에 대하여 주어진 타원은 새좌표 $\begin{pmatrix} x' \\ y' \end{pmatrix}$에 대하여 $\frac{(x')^2}{9} + \frac{(y')^2}{9} = 1$

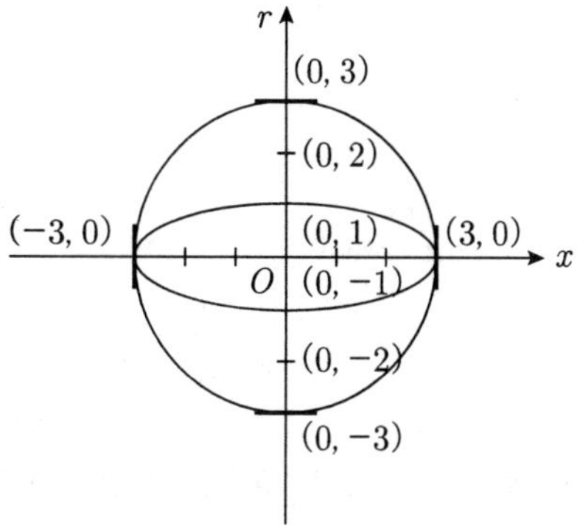

■

닮음 변환 dilation [5)]

스칼라 행렬 $\begin{pmatrix} a & 0 \\ 0 & a \end{pmatrix}$ 형태로 주어지는 행렬곱 변환이다.

대칭 변환 reflection

축대칭(x축, y축 대칭), 선 대칭 등이 있다.

- x축 대칭 $\begin{pmatrix} 1 & 0 \\ 0 & -1 \end{pmatrix}$
- y축 대칭 $\begin{pmatrix} -1 & 0 \\ 0 & 1 \end{pmatrix}$
- $y = x$ 대칭 $\begin{pmatrix} 0 & 1 \\ 1 & 0 \end{pmatrix}$
- $y = -x$ 대칭 $\begin{pmatrix} 0 & -1 \\ -1 & 0 \end{pmatrix}$

5) $0 < a < 1$인 경우는 평등축소(*uniform compression*)
$a > 1$인 경우는 평등확대(*uniform stretching*)

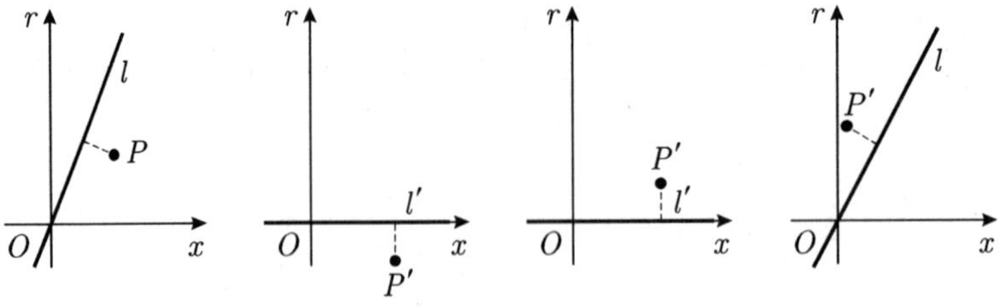

전단(剪斷) Shear

x축 전단 shear parallel to the x-axis

$$\begin{pmatrix} 1 & k \\ 0 & 1 \end{pmatrix}$$

로 주어지는 행렬곱 변환으로 x축 방향으로 일정 비율로 밀리는 변환이다.

예제 행렬 $\begin{pmatrix} 1 & 3 \\ 0 & 1 \end{pmatrix}$로 주어지는 평면변화의 효과를 알아보자.

꼭지점이 각각 원점, (2, 0), (2, 1), (0, 1)인 직사각형을 변환하면 대응 꼭지점이 각각 원점, (2, 0), (5, 1), (3, 1)인 평행사변형으로 변형된다.

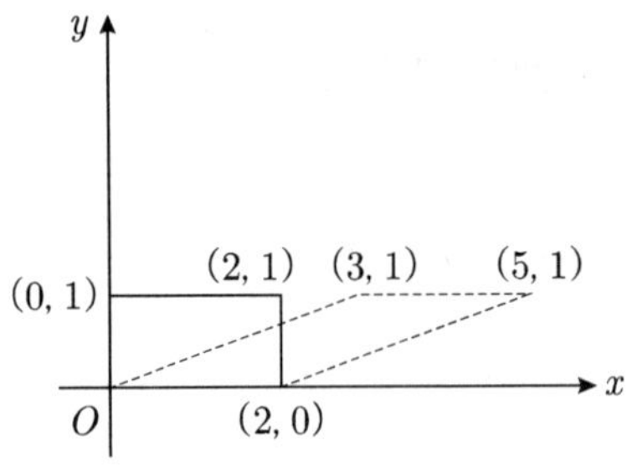

B. 비가역 변환

사영 Projection

$\begin{pmatrix} 1 & 0 \\ 0 & 0 \end{pmatrix}$로 주어지는 평면 변환은 x축 위로의 (수직방향) 정사영이다.

$\begin{pmatrix} 1 & 0 \\ 1 & 0 \end{pmatrix}$로 주어지는 평면 변환은 대각선 $y=x$축 위로의 사영이다.6)

연습문제 5.4

1. 다음 선형변환 $L: R^2 \to R^2$의 표준행렬을 구하라.

(1) $y=-x$에 대한 선대칭

(2) $y=ax$에 대한 선대칭

(3) 원점 O에 대한 점대칭

(4) x축 위로의 정사영

(5) y축 위로의 정사영

(6) 원점 O에 관하여 $\theta=45°$만큼 회전이동

2. 표준행렬 $A=\begin{pmatrix} 1 & 2 \\ 3 & 6 \end{pmatrix}$를 갖는 선형변환 $L: R^2 \to R^2$에 의하여 R^2의 모든 점은 직선 $y=3x$ 위로 사상됨을 보여라.

3. 표준행렬 $A=\begin{pmatrix} 1 & 1 \\ 1 & 2 \end{pmatrix}$를 갖는 선형변환 $L: R^2 \to R^2$에 의한 직선 $2x-y+1=0$에 대한 L의 상 image 을 구하라.

답 $5x-3y+1=0$

4. 선형변환 $L: R^2 \to R^2$의 표준행렬이 $A=\begin{pmatrix} a & b \\ c & d \end{pmatrix}$가 가역행렬일 때, 직선에 대한 L의 상 image 은 직선임을 보여라.

---

6) 정사영 orthogonal projection 과 구별한다.

5. 단사인 선형변환에 의하여 타원, 포물선, 쌍곡선이 각각 보존됨을 보여라.

6. 세 점 $A(1,\ 1)$, $B(-3,\ -3)$, $C(2,\ -1)$로 이루어진 삼각형에 대하여 다음에 답하라.[7)]

(1) $\triangle ABC$의 넓이

(2) 표준행렬 $A=\begin{pmatrix} 4 & -3 \\ -4 & 2 \end{pmatrix}$를 갖는 선형변환 L에 의하여 옮겨지는 도형을 좌표평면에 나타내라.

(3) 옮겨진 도형의 넓이를 구하라.

(4) L^{-1}의 표준행렬을 구하라.

답 (1) 6, (2) $A'(1,-2)$, $B'(-3,6)$, $C'(11,-10)$

(3) 24, (4) $L^{-1}=\begin{pmatrix} -\frac{1}{2} & -\frac{3}{4} \\ -1 & 1 \end{pmatrix}$

7. 행렬곱 변환 $T(X)=AX$에 대한 다음을 증명하여라.

(1) $det\,A \neq 0 \ \Leftrightarrow A$는 단사$(1:1)$
(2) $det\,A \neq 0 \ \Leftrightarrow A$는 전사$(onto)$

8. A가 가역행렬일 때 행렬곱 변환 $L:\ R^2 \to R^2$, $L(X)=AX$은 동형사상이다.

9. v, w가 일차독립인 벡터일 때, 가역 선형변환 L에 의한 두 벡터 $L(v)$, $L(w)$는 일차독립임을 보여라.

> **볼록집합** 공간 속의 부분집합 A에 속하는 임의의 두 점 P, Q에 대하여
>
> $$PQ=\{(1-t)P+tQ \mid 0 \le t \le 1\}$$
>
> 이 여전히 A에 속하면 A를 **볼록집합** a convex set 이라 한다.[8)]

7) (참고) 적분의 좌표변환, 행렬식과 넓이

8) 볼록도형(부록) 참조

10. 공간속의 임의의 점 $P_0, P_1, \cdots, P_k$에 대하여 집합

$$K=\left\{\sum_{i=0}^{k} t_i P_i \mid t_0, \cdots, t_k \geq 0, \sum_{i=0}^{k} t_i = 1\right\}$$

은 볼록집합임을 보여라. 또, K는 P_0, P_1, $\cdots$, P_k를 포함하는 **최소 볼록집합**임을 보여라.

11. 볼록집합과 볼록집합의 교집합은 여전히 볼록집합임을 보여라.

12. R^n 속의 공 $B^n(P, r)=\{X \in R^n \mid \|X-P\| \leq r\}$은 볼록집합임을 보여라.

13. 가역 선형사상 $L: R^2 \rightarrow R^2$에 의한 볼록집합의 상은 볼록집함임을 보여라.

부록: 볼록다각형과 선형사상

정리

$det\,L \neq 0$인 선형변환 L에 의한 평행사변형 P의 상 $L(P)$도 평행사변형이다.

증명 P는 일차독립인 두 벡터 $v, w \in R^2$가 이루는 평행사변형을 벡터 u만큼 평행이동한 것이라 나타내자. 즉

$$P = \{u + t_1 v + t_2 w \mid t_1, t_2 \in [0, 1]\},\ 0 \le t_i \le 1$$

따라서

$$\begin{aligned} L(P) &= L(u + t_1 v + t_2 w) \\ &= L(u) + t_1 L(v) + t_2 L(w) \end{aligned}$$

$det\,L \neq 0$일 때 $L(v)$, $L(w)$는 일차독립이므로(앞 절의 연습문제), L에 의한 상집합 $L(P)$는 일차독립인 두 벡터가 이루는 평행사변형이 되고 $L(u)$만큼 평행이동한 점집합이다. ■

부록: 외적 변환

정리

단위벡터 $A \in R^3$에 대하여 공간변환 $X \mapsto A \times X$은

(1) 선형변환이고,

(2) A 방향벡터는 O로 보내고,

(3) $A^{\perp}$ 방향벡터는 $90°$ 회전시키는 변환이다.

증명 (2) $L(tA) = A \times (tA) = t(A \times A) = O$.

(1), (3) 간단하므로 연습으로 남긴다. 외적(부록) 참조. ■

공간의 점 $X = (x,\ y,\ z) = xe_1 + ye_2 + ze_3$을 $e_1 \times X = -ze_2 + ye_3$로 보내는 변환은 X를 $yz-$평면에 정사영한 점 $ye_2 + ze_3 = (0,\ y,\ z)$를 $yz-$평면에서 $90°$ 회전한 것이 된다. 이러한 변환에 대응하는 행렬은

$$M_1 = \begin{pmatrix} 0 & 0 & 0 \\ 0 & 0 & -1 \\ 0 & 1 & 0 \end{pmatrix}$$

로 주어진다. 마찬가지로 변환 $X \mapsto e_2 \times X$에 대응하는 행렬은

$$M_2 = \begin{pmatrix} 0 & 0 & 1 \\ 0 & 0 & 0 \\ -1 & 0 & 0 \end{pmatrix}$$

변환 $X \mapsto e_3 \times X$에 대응하는 행렬은

$$M_3 = \begin{pmatrix} 0 & -1 & 0 \\ 1 & 0 & 0 \\ 0 & 0 & 0 \end{pmatrix}$$

로 주어진다. 일반적으로 벡터 $A = (a_1,\ a_2,\ a_3)$로 주어진 변환

$$X \mapsto A \times X,\ \ X \in R^3$$

에 대응하는 행렬 M_A를 구하여 보면

$$M_A = \begin{pmatrix} 0 & -a_3 & a_2 \\ a_3 & 0 & -a_1 \\ -a_2 & a_1 & 0 \end{pmatrix}$$

로 반대칭행렬 skew-symmetric 임을 알 수 있다. 즉, $(M_A)^T = -M_A$.

부록: 동차좌표와 공간회전, 평행이동 Translation

앞에서 배운 모든 평면변환은 일차동차식으로 주어지는 평면변환으로 모두 평면상의 선형변환들이었다. 일반적인 평면상의 일차변환식은 다음과 같다.

$$\begin{cases} x' = ax + by + e \\ y' = cx + dy + f \end{cases}$$

이것을 행렬을 사용하여 나타내면

$$\begin{pmatrix} x' \\ y' \end{pmatrix} = \begin{pmatrix} a & b \\ c & d \end{pmatrix}\begin{pmatrix} x \\ y \end{pmatrix} + \begin{pmatrix} e \\ f \end{pmatrix}$$

와 같이 나타난다. 이 변환식은 주어진 점 $\begin{pmatrix} x \\ y \end{pmatrix}$을 $\begin{pmatrix} a & b \\ c & d \end{pmatrix}$로 행렬곱 변환(선형변환)한 다음에 벡터 $\begin{pmatrix} e \\ f \end{pmatrix}$ 만큼 평행이동한 것을 나타낸다.[9)]

이제 평면을 공간의 부분으로 보아 공간상의 행렬변환으로 나타내어 보기로 하자. 우선 평면상의 점 $\begin{pmatrix} x \\ y \end{pmatrix}$를 공간의 점 $\begin{pmatrix} x \\ y \\ 1 \end{pmatrix}$ (이것을 **동차좌표**라 한다)로 쓰면, 상의 동차좌표를 $\begin{pmatrix} x' \\ y' \\ 1 \end{pmatrix}$이고

$$\begin{pmatrix} x' \\ y' \\ 1 \end{pmatrix} = \begin{pmatrix} a & b & e \\ c & d & f \\ 0 & 0 & 1 \end{pmatrix}\begin{pmatrix} x \\ y \\ 1 \end{pmatrix}$$

로 나타낼 수 있어 행렬 $A = \begin{pmatrix} a & b & e \\ c & d & f \\ 0 & 0 & 1 \end{pmatrix}$로 주어지는 **행렬곱 변환**을 생각할 수 있다.[10)]

$$L: R^3 \to R^3,\ L(X) = AX = \begin{pmatrix} a & b & e \\ c & d & f \\ 0 & 0 & 1 \end{pmatrix}X$$

---

9) $T(X) = AX + B$ 형태의 평면변환을 **아핀 변환** *Affine*이라 한다. $B \neq O$인 아핀변환은 선형변환이 아니다.
10) 여기서 3번 행은 자명한 식을 나타내게 된다.

예제 평행이동을 행렬곱 변환으로 나타내어 보자.

풀이 주어진 점 (x, y)를 점 $(x+x_0, y+y_0)$로 평행이동 변환식은

$$\begin{cases} x' = x + x_0 \\ y' = y + y_0 \end{cases}$$

이므로 점 (x, y)을 동차좌표 $(x, y, 1)$, 그 상의 동차좌표를 $(x', y', 1)$로 나타내어

$$\begin{pmatrix} x' \\ y' \\ 1 \end{pmatrix} = \begin{pmatrix} 1 & 0 & x_0 \\ 0 & 1 & y_0 \\ 0 & 0 & 1 \end{pmatrix} \begin{pmatrix} x \\ y \\ 1 \end{pmatrix}.$$ ■

앞에서 다룬 평면상의 선형변환 모두 동차 형태의 행렬곱 변환으로 나타낼 수 있다. 이를테면, 평면상의 회전변환의 관계식을 다음과 같이 행렬곱으로 나타낼 수 있다.

$$\begin{pmatrix} x' \\ y' \\ 1 \end{pmatrix} = \begin{pmatrix} \cos\theta & -\sin\theta & 0 \\ \sin\theta & \cos\theta & 0 \\ 0 & 0 & 1 \end{pmatrix} \begin{pmatrix} x \\ y \\ 1 \end{pmatrix}$$

공간 회전11)

평면에서 원점둘레로 각 θ만큼 회전시키는 변환은 행렬 $\begin{pmatrix} \cos\theta & -\sin\theta \\ \sin\theta & \cos\theta \end{pmatrix}$로 주어진다. 이러한 회전 변환은 R^3 공간에서는 <u>z축 둘레로 θ만큼 회전</u>시키는 것이 되고

$$R_3(\theta) = \begin{pmatrix} \cos\theta & -\sin\theta & 0 \\ \sin\theta & \cos\theta & 0 \\ 0 & 0 & 1 \end{pmatrix}$$

로 주어진다. 마찬가지로 x축 둘레로 θ만큼 회전시키는 변환 $R_1(\theta)$와 y축 둘레로 θ만큼 회전시키는 변환 $R_2(\theta)$는 다음의 행렬로 표현된다.

$$R_1(\theta) = \begin{pmatrix} 1 & 0 & 0 \\ 0 & \cos\theta & -\sin\theta \\ 0 & \sin\theta & \cos\theta \end{pmatrix}, \quad R_2(\theta) = \begin{pmatrix} \cos\theta & 0 & \sin\theta \\ 0 & 1 & 0 \\ -\sin\theta & 0 & \cos\theta \end{pmatrix}$$

11) 축회전 변환(부록) 참조.

5.5 행렬 $[L]_{S,T}$

앞에서 모든 선형변환 $L: R^n \to R^m$은 표준행렬의 곱으로 나타나는 행렬변환으로 나타낼 수 있음을 보았다. 여기서 표준행렬은 벡터공간 R^n과 R^m의 벡터를 모두 표준(또는 자연)바탕으로 나타내어 얻어진 것이다. 이 절에서는 유한차원 벡터공간 V에서 W로의 선형변환도 행렬변환으로 나타낼 수 있음을 일반적인 바탕에 대한 좌표벡터 개념을 이용하여 알아본다.

Main 정리

$dim\ V = n,\ dim\ W = m$일 때 각각의 순서바탕을

$$S = \{X_1,\ X_2,\ \cdots,\ X_n\},\ \ T = \{Y_1,\ Y_2,\ \cdots,\ Y_m\}$$

이라 하고 $L: V \to W$ 선형변환이 주어졌다고 하자. 그러면

$$[Y]_T = A\,[X]_S$$

인 행렬 A가 유일하게 존재한다.

증명 임의의 $X \in V$는 $X = c_1X_1 + \cdots + c_nX_n$ 형태로 표시되며, 따라서

$$[X]_S = \begin{pmatrix} c_1 \\ c_2 \\ \vdots \\ c_n \end{pmatrix}$$

한편, $L(X) = L(c_1X_1 + \cdots + c_nX_n) = c_1L(X_1) + \cdots + c_nL(X_n)$이므로

$$\begin{aligned}[L(X)]_T &= [c_1L(X_1) + \cdots + c_nL(X_n)]_T \\ &= c_1[L(X_1)]_T + \cdots + c_n[L(X_n)]_T\end{aligned}$$

이제 각각의 $[L(X_j)]_T$를 열벡터로 하는 $m \times n$행렬 $([L(X_1)]_T,\ \cdots,\ [L(X_n)]_T)$과의 곱으로 나타내면

$$= ([L(X_1)]_T, \cdots, [L(X_n)]_T)\begin{pmatrix} c_1 \\ c_2 \\ \vdots \\ c_n \end{pmatrix}$$

여기서 $A = ([L(X_1)]_T, \cdots, [L(X_n)]_T)$로 나타내면, $[L(X)]_T = A[X]_S$ ■

[증명과정 보충] $dim\ V = n$, $dim\ W = m$일 때 각각의 순서바탕을 $S = \{X_1, X_2, \cdots, X_n\}$, $T = \{Y_1, Y_2, \cdots, Y_m\}$이라 하고, $L: V \to W$ 선형변환이 주어졌다고 하자. 그러면 각각의 $L(X_j) \in W$, $W = \langle Y_1, Y_2, \cdots, Y_m \rangle$이므로

$$L(X_j) = a_{1j}Y_1 + a_{2j}Y_2 + \cdots + a_{mj}Y_m,\ (j = 1,\ 2,\ \cdots,\ n)$$

즉, $[L(X_j)]_T = \begin{pmatrix} a_{1j} \\ a_{2j} \\ \vdots \\ a_{mj} \end{pmatrix}$. 이것들을 열벡터로 하는 $m \times n$행렬을 A로 둔다. 즉,

$$A = ([L(X_1)]_T, \cdots, [L(X_n)]_T)$$
$$= \begin{pmatrix} a_{11} & a_{12} & \cdots & a_{1n} \\ a_{21} & a_{22} & \cdots & a_{2n} \\ \vdots & & & \\ a_{m1} & a_{m2} & \cdots & a_{mn} \end{pmatrix}$$

로 두면, 임의의 $X \in V$는

$$[L(X)]_T = A[X]_S$$

$$\begin{array}{ccccccc} V & \rightarrow & W & \quad & X & \rightarrow & Y(= L(X)) \\ \downarrow & & \downarrow & & \downarrow & & \downarrow \\ \boxed{R^n} & \rightarrow & \boxed{R^m} & & \boxed{[X]_S} & \rightarrow & \boxed{[Y]_T} \end{array}$$

정의

행렬 $A=(a_{ij})$를 **기저 S, T에 관한 L의 행렬**이라 하고, 기호로 $A=[L]_{S,T}$로 쓴다.12)

예제 $L: P_1 \to P_2$, $L(p(x))=x \cdot p(x)$, $S=\{x, 1\}$, $T=\{x^2, x-1, x+1\}$에 대하여 $A=[L]_{S,T}$를 구하여 보자.

풀이

$$L(x)=x^2=1 \cdot x^2+0 \cdot (x-1)+0 \cdot (x+1)$$

$$L(1)=x=0 \cdot x^2+\frac{1}{2} \cdot (x-1)+\frac{1}{2} \cdot (x+1)$$

이므로 $[L(x)]_T=\begin{pmatrix}1\\0\\0\end{pmatrix}$, $[L(1)]_T=\begin{pmatrix}0\\ \frac{1}{2}\\ \frac{1}{2}\end{pmatrix}$

따라서 $A=[L]_{S,T}=\begin{pmatrix}1 & 0\\ 0 & \frac{1}{2}\\ 0 & \frac{1}{2}\end{pmatrix}$ ■

예제 $L: R^2 \to R^3$ $L\begin{pmatrix}x\\y\end{pmatrix}=\begin{pmatrix}x\\2x-3y\\-3x+y\end{pmatrix}$ $S=\left\{\begin{pmatrix}1\\1\end{pmatrix}, \begin{pmatrix}2\\1\end{pmatrix}\right\}$, $T=\left\{\begin{pmatrix}1\\0\\-1\end{pmatrix}, \begin{pmatrix}-1\\2\\1\end{pmatrix}, \begin{pmatrix}0\\1\\1\end{pmatrix}\right\}$에 대하여 $A=[L]_{S,T}$를 구하여 보자.

풀이 같은 방법으로(계산 생략)

$$[L]_{S,T}=\begin{pmatrix}1 & 4\\ 0 & -2\\ -1 & -3\end{pmatrix}$$ ■

12) 선형변환 $L: V \to V$를 특별히 <u>선형작용소</u>(*linear operator*)라 하는데, 이 경우 바탕을 $S=T$로 택할 수 있고, 그 결과 얻은 행렬 A를 <u>기저 S에 관한 선형변환 L의 행렬</u>이라 하고, 기호로 $A=[L]_S$로 쓴다.

5.6 전이행렬과 $[L]_{S,\,T}$

선형작용소 $L: V \to V$의 행렬도 앞 절에서 본 바와 같이 벡터공간 V의 두 바탕 S, T에 따라 결정되므로 $A = [L]_{S,\,T}$로 나타낸다.

그런데 $V = W$인 경우, 선형변환 $L: V \to V$을 선형작용소 linear operator 라 하고, 이 경우 기저 $S = T$로 택하여 앞의 방법으로 얻는 행렬 A를 **기저 S에 관한 L의 행렬**이라 한다. 한편, V에서 자기 자신 V로의 선형작용소 Id인 경우 앞에서 배운 좌표벡터간의 **전이행렬** $P = [Id]_{T,\,S}$을 생각할 수 있다. 전자와 후자의 행렬 사이에는 다음 관계가 성립함을 알 수 있다.

> **정리**
>
> V는 유한차원 벡터공간이고, S, T를 V의 바탕이라 할 때 각각에 대한 선형작용소 $L: V \to V$의 행렬
>
> $$A = [L]_S,\ \ B = [L]_T$$
>
> 라 하자. 한편 바탕 T에서 바탕 S로의 전이행렬 $P = [Id]_{T,\,S}$일 때
>
> $$B = P^{-1} A P$$

$$\begin{array}{ccc} & [L]_S & \\ [X]_S & \rightarrow & [L(X)]_S \\ P \uparrow & & \downarrow P^{-1} \\ [X]_T & \rightarrow & [L(X)]_T \\ & [L]_T & \end{array}$$

즉,

$$\boxed{[L]_T = P^{-1} [L]_S\, P}$$

예제 선형변환 $L: R^2 \to R^2$, $L\begin{pmatrix} x \\ y \end{pmatrix} = \begin{pmatrix} x-y \\ x+y \end{pmatrix}$일 때 표준바탕 S, 다른 기저를 $T = \left\{ \begin{pmatrix} 0 \\ 1 \end{pmatrix} \begin{pmatrix} -1 \\ 1 \end{pmatrix} \right\}$라 할 때, 앞의 정리를 확인하여 보자.

풀이 표준바탕 <u>S에 대한 L의 행렬 A</u>는

$$L\begin{pmatrix} x \\ y \end{pmatrix} = \begin{pmatrix} x-y \\ x+y \end{pmatrix} = \begin{pmatrix} 1 & -1 \\ 1 & 1 \end{pmatrix} \begin{pmatrix} x \\ y \end{pmatrix}$$

로부터 $$A = \begin{pmatrix} 1 & -1 \\ 1 & 1 \end{pmatrix} \quad \cdots ①$$

한편 바탕 <u>T에 대한 L의 행렬</u> $B = [L]_T = ([L(Y_1)]_T, [L(Y_2)]_T)$는

$$L(Y_1) = L\begin{pmatrix} 0 \\ 1 \end{pmatrix} = \begin{pmatrix} 0-1 \\ 0+1 \end{pmatrix} = \begin{pmatrix} -1 \\ 1 \end{pmatrix}$$
$$= 0\begin{pmatrix} 0 \\ 1 \end{pmatrix} + 1\begin{pmatrix} -1 \\ 1 \end{pmatrix}$$

마차가지로 $$L(Y_2) = L\begin{pmatrix} -1 \\ 1 \end{pmatrix} = \begin{pmatrix} -2 \\ 0 \end{pmatrix}$$
$$= -2\begin{pmatrix} 0 \\ 1 \end{pmatrix} + 2\begin{pmatrix} -1 \\ 1 \end{pmatrix}$$

로부터 $$B = [L]_T = \begin{pmatrix} 0 & -2 \\ 1 & 2 \end{pmatrix} \quad \cdots ②$$

한편, $T = \{Y_1, Y_2\}$ $Y_1 = \begin{pmatrix} 0 \\ 1 \end{pmatrix}$, $Y_2 = \begin{pmatrix} -1 \\ 1 \end{pmatrix}$로 쓰면, <u>$S$에서 T로의 전이행렬</u> $P = ([Y_1]_S, [Y_2]_S)$이므로

$$P = \begin{pmatrix} 0 & -1 \\ 1 & 1 \end{pmatrix}, \text{ 즉 } P^{-1} = \begin{pmatrix} 1 & 1 \\ -1 & 0 \end{pmatrix} \quad \cdots ③$$

①~③으로부터 $B = P^{-1}AP$ ■

전이행렬에 대한 앞 결과 $[L]_T = P^{-1}[L]_S P$ 를 생각하면, 다음과 같이 정의할 수 있다.

정의 닮은 행렬

정사각 행렬 A, B가 적당한 가역행렬 P가 존재하여

$$P^{-1}AP = B$$

일 때, B는 A에 **닮은 행렬** similar matrix 이라 한다.

닮은 행렬은 동치 관계임을 알 수 있다.

정리

다음은 동치이다.

(1) A는 A와 닮은 행렬

(2) A가 B와 닮은 행렬이면, B는 A와 닮은 행렬이다.

(3) A가 B와 닮은 행렬이고, B가 C에 닮은 행렬이면, A는 C와 닮은 행렬이다.

연습문제 5.6

1. 다음에서 $A = [L]_{S,T}$를 구하라.

(1) $S = \{1, x\}$, $T = \{1, x, x^2\}$

$L: P_1 \to P_2$, $L(p(x)) = x \cdot p(x)$

(2) $S = \{1, x, x^2\}$, $T = \{1, x\}$

$L: P_2 \to P_1$, $L(p(x)) = p'(x)$

답 (1) $\begin{pmatrix} 0 & 0 \\ 1 & 0 \\ 0 & 1 \end{pmatrix}$, (2) $\begin{pmatrix} 2 & 0 & 0 \\ 0 & 1 & 0 \end{pmatrix}$

2. $L\begin{pmatrix} x \\ y \end{pmatrix} = \begin{pmatrix} 3x+2y \\ x+2y \end{pmatrix}$, $S = \left\{\begin{pmatrix} 1 \\ 1 \end{pmatrix}, \begin{pmatrix} 0 \\ 1 \end{pmatrix}\right\}$, $T = \left\{\begin{pmatrix} 2 \\ 1 \end{pmatrix}, \begin{pmatrix} 3 \\ 1 \end{pmatrix}\right\}$에 대하여 앞의 정리를 확인하여라.

3. 두 행렬 A, B가 **닮은 행렬** similar matrix 일 때, 다음을 보여라.

(1) $|A| = |B|$

(2) A^k과 B^k은 닮은 행렬이다. (양의 정수 k)

(3) $tr(A) = tr(B)$

(4) $tr(A^k) = tr(B^k)$

(5) A^{-1}와 B^{-1}은 닮은 행렬이다. 단, A는 가역행렬이다.

4. $L: R^2 \to R^2$를 $L\begin{pmatrix} x_1 \\ x_2 \end{pmatrix} = \begin{pmatrix} x_1 - x_2 \\ x_1 + x_2 \end{pmatrix}$에 대하여 R^2의 표준기저를 S, 또 다른 기저 $T = \left\{ \begin{pmatrix} 0 \\ 1 \end{pmatrix}, \begin{pmatrix} -1 \\ 1 \end{pmatrix} \right\}$에 대하여 **전이행렬**을 이용하여 $[L]_T = \begin{pmatrix} 0 & -2 \\ 1 & 2 \end{pmatrix}$임을 보여라.

힌트 기저 T에서 표준기저 S로의 전이행렬 $P = \begin{pmatrix} 0 & -1 \\ 1 & 1 \end{pmatrix}$

Chapter 6

고유값과 행렬대각화

6.1 고유값과 고유벡터

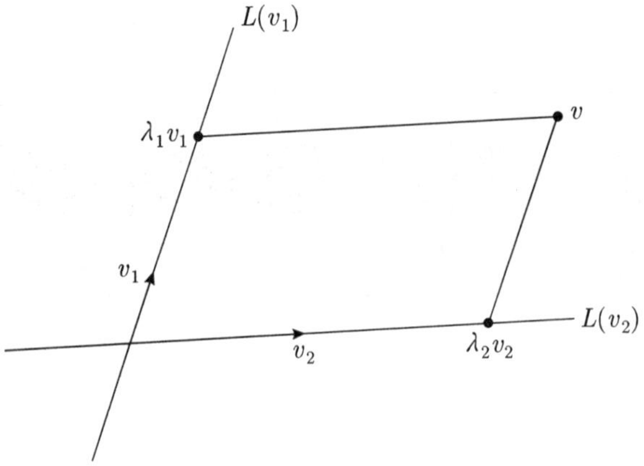

$\lambda_i \in R$

정사각행렬에 관련된 대표적인 값은 행렬식 determinant 임을 알고 있다. 여기서는 행렬의 고유값 eigenvalue 이라 하는 다른 종류의 값을 배운다.

벡터 $X \in R^n$에 대하여 정사각행렬 $A \in M_n$의 곱 $AX \in R^n$은 R^n 벡터가 되는데, 특별히 스칼라배의 관계를 갖는 벡터 $X \neq O$, 즉

$$AX = \lambda X, \text{ 즉 } (A - \lambda I_n)X = O$$

가 되는 벡터 $X \neq O$의 존재하기 위한 정사각행렬 $A - \lambda I_n$에 관련한 조건을 생각하여 보자. 여기서 우리는 정사각행렬 A에 대하여 고유값 λ와 고유벡터 X를 정의하게 된다. 이러한 벡터는 선형변환의 특징을 이용하는 경우에 중요하다.

정의 고유값, 고유벡터

n차 정사각행렬 A에 대하여

$$\text{벡터 } X \neq O\text{가 적당한 } \lambda\text{에 대하여 } AX = \lambda X$$

를 만족할 때, λ를 행렬 A의 **고유값** eigenvalue 이라 하고, X를 고유값 λ에 속하는 **고유벡터** eigenvector 라 한다.

고유값 λ에 속하는 고유벡터의 집합에 O을 포함시키면 벡터공간임을 알 수 있다.

정리

$V=\{X\mid(A-\lambda I_n)X=O\}$는 벡터공간.

증명 (1) $X_1, X_2 \neq O$를 $AX_1=\lambda X_1$, $AX_2=\lambda X_2$일 때
$A(X_1+X_2)=AX_1+AX_2=\lambda(X_1+X_2)$, 즉 $X_1+X_2\in V$

(2) $X\neq O$, $AX=\lambda X$일 때 스칼라 k에 대하여,
$A(kX)=kAX=k(\lambda X)=\lambda(kX)$, 즉 $kX\in V$ ■

kX 형태는 모두 λ에 속하는 고유벡터이므로 고유값 λ에 속하는 고유벡터는 무수히 많음을 알았다. 고유값 λ에 속하는 고유벡터의 집합에 O을 포함시키면 벡터공간이 되므로, 이것을 고유값 λ에 대응하는 A의 **고유공간** Eigen-space 이라 한다.

정의

$\{X\mid(A-\lambda I_n)X=O\}$을 고유값 λ에 대응하는 A의 고유공간이라 한다.

고안기호 앞으로 고유값 λ에 속하는 행렬 A의 고유공간을 기호로 E_λ로 쓰기로 하자. 즉, $E_\lambda=\{X\mid(A-\lambda I_n)X=O\}$.

이제 행렬 A의 고유값을 구하는 일반적으로 방법을 알아보자. λ를 A의 고유값이라고 하면

$$AX=\lambda X$$
$$\Leftrightarrow AX=\lambda I_n X$$
$$\Leftrightarrow (A-\lambda I_n)X=O$$

이 비자명해 nontrivial solution $X\neq O$을 가지므로 행렬 $(A-\lambda I_n)$은 비가역 non-invertible 이다. 따라서

$$|A - \lambda I| = 0$$

이것을 행렬 A의 **특성방정식** characteristic equation (또는 고유방정식)이라 한다. 실제로 $P_n(\lambda) = |A - \lambda I_n|$은 λ에 관한 n차 다항식 polynomial 이 되어, 특성방정식은 다항방정식이므로 그 해인 고유값 λ는 실수, 복소수(켤레)이다.

$P_n(\lambda) = |A - \lambda I_n|$를 행렬 A의 특성다항식 characteristic polynomial (또는 고유다항식)이라 한다.

예제 행렬 $A = \begin{pmatrix} 1 & 2 & 2 \\ 1 & 2 & -1 \\ 3 & -3 & 0 \end{pmatrix}$의 고유값과 고유벡터를 구하여 보자.

풀이 A의 특성방정식

$$|A - \lambda I| = \begin{vmatrix} 1-\lambda & 2 & 2 \\ 1 & 2-\lambda & -1 \\ 3 & -3 & -\lambda \end{vmatrix}$$
$$= (\lambda - 3)^2(\lambda + 3) = 0$$

따라서 A의 고유값은 $\lambda_1 = 3$(중근), $\lambda_2 = -3$이다.

이제 각 고유값 λ에 속하는 고유벡터는 $X = \begin{pmatrix} x_1 \\ x_2 \\ x_3 \end{pmatrix}$로 나타내면, 특성방정식 $(A - \lambda I)X = O$는

$$\begin{aligned} &(1-\lambda)x_1 + 2x_2 + 2x_3 = 0 \\ &x_1 + (2-\lambda)x_2 - x_3 = 0 \\ &3x_1 - 3x_2 + (-\lambda)x_3 = 0 \end{aligned} \qquad \cdots (1)$$

이므로 $\lambda_1 = 3$에 속하는 고유벡터는

$$\begin{aligned} &-2x_1 + 2x_2 + 2x_3 = 0 \\ &x_1 - x_2 - x_3 = 0 \\ &3x_1 - 3x_2 - 3x_3 = 0 \end{aligned}$$

로 3개의 방정식이 동치로 $x_1 - x_2 - x_3 = 0$이다. 이것을 $x_1 = x_2 + x_3$로 쓰면 고유벡터

$$X=\begin{pmatrix}x_1\\x_2\\x_3\end{pmatrix}=\begin{pmatrix}x_2+x_3\\x_2\\x_3\end{pmatrix}=x_2\begin{pmatrix}1\\1\\0\end{pmatrix}+x_3\begin{pmatrix}1\\0\\1\end{pmatrix}$$

여기서 x_2, x_3는 자유변수 free variablles 이다. 즉, $\lambda_1=3$에 속하는 고유공간 E_3의 기저로 $\begin{pmatrix}1\\1\\0\end{pmatrix}$, $\begin{pmatrix}1\\0\\1\end{pmatrix}$을 생각할 수 있다.

마찬가지로 $\lambda_2=-3$에 속하는 고유벡터는 (1)에서

$$4x_1+2x_2+2x_3=0$$
$$x_1+5x_2-x_3=0$$
$$3x_1-3x_2+3x_3=0$$

이것을 풀면

$$x_1-x_2+x_3=0$$
$$3x_2-x_3=0$$

고유벡터 $X=\begin{pmatrix}x_1\\x_2\\x_3\end{pmatrix}=\begin{pmatrix}-2x_2\\x_2\\3x_2\end{pmatrix}=x_2\begin{pmatrix}-2\\1\\3\end{pmatrix}$. 즉, $\lambda_2=-3$에 속하는 고유공간 E_{-3}의 기저로 $\begin{pmatrix}-2\\1\\3\end{pmatrix}$를 생각할 수 있다. ■

6.2 고유벡터의 기하

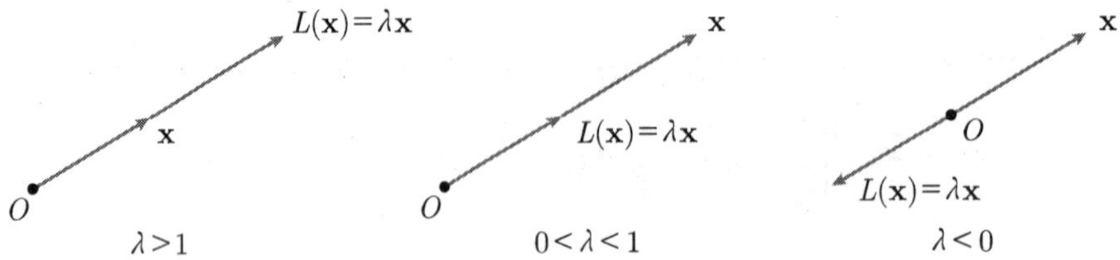

고유값 $\lambda \neq 0$인 실수일 때 그 고유값에 속하는 고유벡터의 기하적인 뜻은 다음과 같다. 변환전 X과 행렬곱 변환후 AX가 평행인 벡터 $X \neq O$가 고유벡터이다. 즉, $AX = \lambda X$

예제 $L: R^2 \to R^2$, $L\begin{pmatrix} x \\ y \end{pmatrix} = \begin{pmatrix} y \\ x \end{pmatrix}$에 대한 고유값과 고유벡터는 각각 그림과 같다.

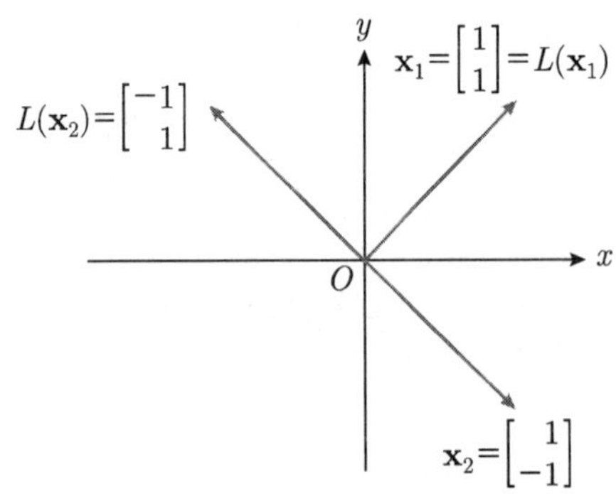

예제 행렬 $A = \begin{pmatrix} 3 & 0 \\ 0 & 2 \end{pmatrix}$는 확대·축소 magnification 평면변환을 나타낸다. A의 고유값은 $\lambda_1 = 3$ $\lambda_2 = 2$임을 알 수 있다.[1] $\lambda_1 = 3$에 속하는 고유벡터는 다음과 같이 $\begin{pmatrix} k \\ 0 \end{pmatrix}$형태이다. 마찬가지로, $\lambda_2 = 2$에 속하는 고유벡터는 다음과 같이 $\begin{pmatrix} 0 \\ k \end{pmatrix}$형태이다. 그림으로 보면, x축 상의 벡터들 또는 y축 상의 벡터들의 A

1) 대각행렬의 고유값은 대각성분의 값들이다.

행렬변환에 의한 상은 각각의 스칼라배가 된다는 것을 알 수 있다.

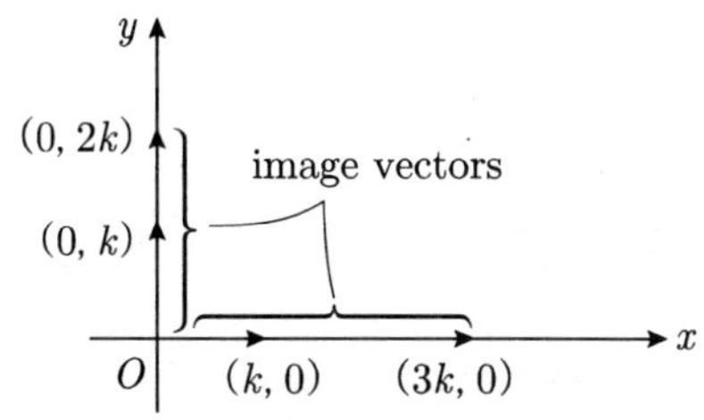

예제 x축 방향 전단 shear transform 을 나타내는 행렬 $A=\begin{pmatrix}1&2\\0&1\end{pmatrix}$의 고유벡터를 구하여 보자.

풀이 x축 방향 전단 shear 에 대하여 고유벡터는 한 가지 형태 $\begin{pmatrix}k\\0\end{pmatrix}$. 실제로, 고유값은 $\lambda_1=\lambda_2=1$이고,[2)]

$$\begin{pmatrix}1&2\\0&1\end{pmatrix}\begin{pmatrix}k\\0\end{pmatrix}=1\begin{pmatrix}k\\0\end{pmatrix}$$ ■

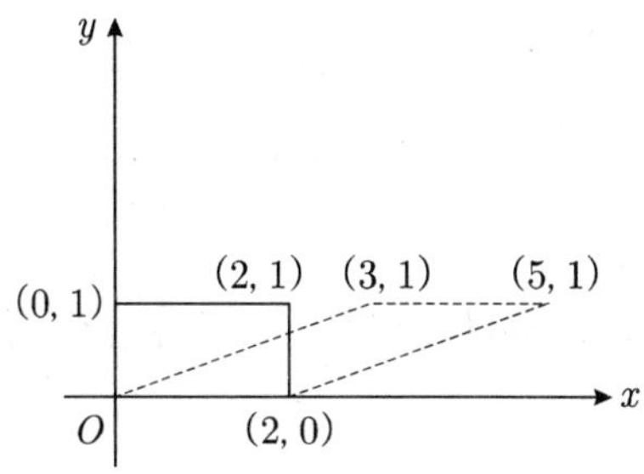

예제 대각선 $y=x$로의 사영변환을 나타내는 행렬 $A=\begin{pmatrix}1&0\\1&0\end{pmatrix}$의 고유벡터를 구하여 보자.

풀이 주어진 사영변환의 고유값은 $\lambda_1=1$, $\lambda_2=0$. 고유벡터는 각각 다음과 같다.

2) 삼각행렬의 고유값도 대각성분의 값들이다.

$$\begin{pmatrix} 1 & 0 \\ 1 & 0 \end{pmatrix}\begin{pmatrix} k \\ k \end{pmatrix} = 1\begin{pmatrix} k \\ k \end{pmatrix}, \begin{pmatrix} 1 & 0 \\ 1 & 0 \end{pmatrix}\begin{pmatrix} 0 \\ k \end{pmatrix} = 0\begin{pmatrix} 0 \\ k \end{pmatrix} \qquad \blacksquare$$

도움 정리

대칭행렬은 서로 다른 고유값에 속하는 고유벡터는 직교이다.

증명 대칭행렬 A의 서로 다른 고유값 λ_1, λ_2에 속하는 고유벡터를 각각 X_1, X_2라 하면 $AX_1 = \lambda_1 X_1$, $AX_2 = \lambda_2 X_2$.

$$\begin{aligned} \lambda_1 X_1 \cdot X_2 &= (AX_1) \cdot X_2 = X_2 \cdot (AX_1) \\ &= (AX_1)^T X_2 = X_1^T A^T X_2 = X_1^T A X_2 \\ &= (AX_2) \cdot X_1 = X_1 \cdot (AX_2) \\ &= X_1 \cdot (\lambda_2 X_2) = \lambda_2 X_1 \cdot X_2 \end{aligned}$$

즉, $(\lambda_1 - \lambda_2) X_1 \cdot X_2 = 0$. 그런데 $\lambda_1 \neq \lambda_2$로부터 $X_1 \cdot X_2 = 0$. 고유벡터는 O 벡터가 아니므로 직교이다.

연습문제 6.2

1. $\begin{pmatrix} 1 & -1 \\ 2 & 4 \end{pmatrix}$의 고유값, 고유벡터, 그리고 각 고유값에 대응하는 고유공간의 기저를 구하라.

답 $\lambda_1 = 2$, $\lambda_2 = 3$,
각각 $\begin{pmatrix} 1 \\ -1 \end{pmatrix}$, $\begin{pmatrix} 1 \\ -2 \end{pmatrix}$

2. 행렬 $\begin{pmatrix} 1 & 1 \\ -1 & 1 \end{pmatrix}$은 고유값을 갖지 않음을 보여라.

3. n차 대각행렬 D의 고유값을 구하라.

$$D=\begin{pmatrix} d_1 & 0 & \cdots & 0 \\ 0 & d_2 & \cdots & 0 \\ \vdots & \vdots & \ddots & \vdots \\ 0 & 0 & \cdots & d_n \end{pmatrix}$$

4. 삼각행렬 $\begin{pmatrix} 2 & 2 & 3 & 4 \\ 0 & 0 & 3 & 2 \\ 0 & 0 & 1 & 1 \\ 0 & 0 & 0 & 1 \end{pmatrix}$의 고유값을 구하라.

5. 선형변환 $L: P_2 \to P_2$,

$$L(a_0 + a_1 x + a_2 x^2) = (5a_0 + 6a_1 + 2a_2) - (a_1 + 8a_2)x + (a_0 - 2a_2)x^2$$

에 대하여 $L(X) = AX$로 나타낼 때, 다음을 구하라.

(1) 행렬 A의 고유값

(2) 행렬 A의 고유공간의 기저

답 (1) 3, −3, −4, (2) 모두 1

6. 다음을 증명하여라.

(1) A, B가 닮음행렬이면 동일한 특성다항식과 고유값을 가진다. (2) A와 A^T는 동일한 고유값을 가진다. (3) $\lambda = 0$이 A의 고유값일 필요충분조건은 A가 비가역행렬이다. (4) λ가 A의 고유값이면 λ^n은 A^n의 고유값이다.

7. 정사각행렬 A가 $A^2 = A$인 행렬의 고유값은 0 또는 1됨을 보여라.

8. O 행렬의 모든 고유값과 고유벡터를 구하라.

9. 정사각행렬이 가역행렬일 필요충분조건은 0을 고유값으로 가지지 않는 것임을 보여라.

10. λ가 가역행렬 A의 고유값이면, λ^{-1}은 A^{-1}의 고유값임을 보여라.

11. 정사각행렬 A가 어떤 자연수에 대하여 $A^k = O$일 때 A의 고유값을 구하라.

답 고유값 0.

12. 정사각행렬 A와 가역행렬 G에 대하여 A의 고유다항식과 $G^{-1}AG$의 고유다항식이 같음을 보여라.

13. 정사각행렬 A와 가역행렬 G에 대하여 $G^{-1}AG$가 대각행렬이 되면 G의 각 열벡터가 A의 고유벡터임을 보여라.

14. 대칭행렬 A의 행렬식의 값이 음이면, A는 음의 고유값을 가짐을 보여라.

15. 2차 정사각행렬의 특성다항식은 $P_A(x) = x^2 - (tr\ A)x + (det\ A)$임을 보이고, $P_A(A) = O$임을 확인하여라.

16. 실수 λ가 행렬 A의 고유값이면, 임의의 다항식 $p(x)$에 대하여 $p(\lambda)$가 행렬 $p(A)$의 고유값임을 보여라.

17. **케일리-해밀턴 정리**를 이용하여 다음에 답하라.[3)]

(*Cayley-Hamilton*) A가 n차 정사각행렬일 때, A의 특성방정식

$$\begin{aligned} 0 = P_A(\lambda) &= |\lambda I_n - A| \\ &= \lambda^n + a_{n-1}\lambda^{n-1} + \cdots + a_1\lambda + a_0 \end{aligned}$$

에 대하여

$$0 = P_A(A) = A^n + a_{n-1}A^{n-1} + \cdots + a_1 A + a_0$$

3) 케일리-해밀턴 정리에 대한 증명은 **부록**을 참조하도록 한다.

(1) $A = \begin{pmatrix} 1 & 2 \\ 3 & 2 \end{pmatrix}$에 대하여 케일리-해밀턴 정리를 확인하여라.

(2) 이것을 이용하여, A^5, A^{-1}를 구하라.

답 (1) $A^2 - 3A - 4I = O$

(2) $A^{-1} = \frac{1}{4}A - \frac{3}{4}I$

부록

정리

대칭행렬의 고유값은 모두 실수이다.

증명 복소행렬 단원의 에르미트 Hermite 행렬에 대한 해당 정리를 모방하면 된다. 간단하므로 연습으로 남기기로 한다. ■

n차 행렬 A의 고유값의 합은 그 행렬의 trace 값 $tr(A)$과 같다.

정리

n차 행렬 A에 대하여

$$\sum_{i=1}^{n} \lambda_i = tr\,(A)$$

증명 A의 특성다항식의 λ^{n-1} 항의 계수는 $(-1)^{n-1} \sum_{i=1}^{n} a_{ii}$임을 알 수 있는데, 특성다항식을 그 고유값들로 인수분해하여

$$P_A(\lambda) = |A - \lambda I| = (-1)^n (\lambda - \lambda_1) \cdots (\lambda - \lambda_n)$$

로 쓰고 λ^{n-1} 항을 살펴보면 그 계수는

$$(-1)^{n+1} \sum_{i=1}^{n} \lambda_i$$

■

6.3 행렬의 대각화

어떤 정사각행렬 A에 대하여

$$P^{-1}AP$$

가 대각행렬 a diagonal matrix 이 되는 적당한 행렬 P가 존재하는지 알아보자. 이것은 나중에 이차형식의 표준화 문제를 해결하는 도구가 된다.

정의

정사각행렬 A에 대하여 적당한 가역행렬 P가 존재하여

$$P^{-1}AP = D$$

로 대각행렬 D가 되는 행렬 A를 **대각화 가능** diagonalizable 이라 한다.

앞으로는 n차 정사각행렬 $A \in M_n$에 대하여 논하기로 한다.

Main 정리

A가 대각화 가능일 필요충분조건은 n개의 일차독립인 고유벡터를 갖는 것이다.

증명 A가 대각화 가능이면, $P^{-1}AP = D = \begin{pmatrix} d_1 & & & \\ & d_2 & & \\ & & \ddots & \\ & & & d_n \end{pmatrix}$가 되는 적당한 가역행렬 $P = [P^1, \cdots, P^n]$이 존재한다. 즉, $AP = PD$, 행렬곱의 열벡터를 비교하면

$$AP^1 = d_1 P^1, \cdots, AP^n = d_n P^n$$

따라서 d_i들은 A의 고유값이고, 열벡터 P^i들은 각각 고유값 d_i에 속하는 고유벡터들이다. 그런데 P가 가역행렬이므로 그 열벡터 $P^1, \cdots, P^n$는 일차독립이다.

대각화 ALGORITHM

역으로, A의 고유값 $\lambda_1, \cdots, \lambda_n$에 속하는 일차독립인 고유벡터를

$$P^1, \cdots, P^n$$

라 하자(즉, $AP^i = \lambda_i P^i$). 이것을 열벡터로 하는 행렬

$$P = [P^1, \cdots, P^n]$$

라 하자. 그러면

$$\begin{aligned} AP &= [AP^1, \cdots, AP^n] \\ &= [\lambda_1 P^1, \cdots, \lambda_n P^n] \\ &= [P^1, \cdots, P^n] \begin{pmatrix} \lambda_1 & & & \\ & \lambda_2 & & \\ & & \ddots & \\ & & & \lambda_n \end{pmatrix} = PD \end{aligned}$$

■

이 경우 증명과정에서 나타나 있듯이
$Ap^{(1)} = \lambda_1 p^{(1)}, \cdots, Ap^{(n)} = \lambda_n p^{(n)}$인 A의 고유벡터 $p^{(1)}, \cdots, p^{(n)}$는 일차독립이므로 각각을 열벡터로 하는 행렬 $P = (p^{(1)} \cdots p^{(n)})$로 잡으면 가역행렬이 되고, 또

$$AP = PD, \text{ 즉 } P^{-1}AP = D$$

$$D = \begin{pmatrix} \lambda_1 & 0 & \cdots & 0 \\ 0 & \lambda_2 & & \vdots \\ \vdots & & \ddots & 0 \\ 0 & \cdots & 0 & \lambda_n \end{pmatrix}$$

형태로 주대각선 성분이 A의 고유값으로 하는 대각행렬이 됨을 알 수 있다.

대각화 프로세스를 **알고리즘화**하면 다음과 같다.

(1) $Ap^{(1)} = \lambda_1 p^{(1)}, \cdots, Ap^{(n)} = \lambda_n p^{(n)}$인 고유벡터 $p^{(1)}, \cdots, p^{(n)}$를 구한다.

(2) $p^{(1)}, \cdots, p^{(n)}$을 각 열벡터로 하는 행렬 $P = (p^{(1)} \cdots p^{(n)})$로 잡는다.

(3) $P^{-1}AP = D$, $D = \begin{pmatrix} \lambda_1 & 0 & \cdots & 0 \\ 0 & \lambda_2 & & \vdots \\ \vdots & & \ddots & 0 \\ 0 & \cdots & 0 & \lambda_n \end{pmatrix}$ ■

예제 행렬 $A = \begin{pmatrix} 5 & -6 \\ 2 & -2 \end{pmatrix}$의 고유값은 $\lambda_1 = 2$, $\lambda_2 = 1$의 각각에 속하는 고유벡터는 $\begin{pmatrix} 2 \\ 1 \end{pmatrix}$, $\begin{pmatrix} 3 \\ 2 \end{pmatrix}$. 따라서 $P = \begin{pmatrix} 2 & 3 \\ 1 & 2 \end{pmatrix}$로 잡으면 실제로

$$\begin{aligned} P^{-1}AP &= \begin{pmatrix} 2 & -3 \\ -1 & 2 \end{pmatrix}\begin{pmatrix} 5 & -6 \\ 2 & -2 \end{pmatrix}\begin{pmatrix} 2 & 3 \\ 1 & 2 \end{pmatrix} \\ &= \begin{pmatrix} 2 & 0 \\ 0 & 1 \end{pmatrix} \end{aligned}$$ ■

예제 행렬 $A = \begin{pmatrix} 1 & 1 \\ 0 & 1 \end{pmatrix}$의 특성방정식은 $(\lambda - 1)^2 = 0$로 행렬 A의 고유값 $\lambda = 1$(중근)이다. 이 고유값에 속하는 고유벡터는 $X = \begin{pmatrix} x_1 \\ 0 \end{pmatrix} = x_1\begin{pmatrix} 1 \\ 0 \end{pmatrix}$로 일차독립인 고유벡터 두 개가 존재하지 않는다. 따라서 행렬 A는 대각화 가능하지 않다. ■

이제 대각화 가능일 조건을 알아보자. A가 서로 다른 고유값을 갖는 것이다. (증명은 [도움 정리]와 앞 [Main 정리]의 직접적인 결과이다.)

정리 **$A \in M_n$일 때,**
A가 n개의 서로 다른 고유값을 가지면 대각화 가능이다.

도움 정리
n차 정사각행렬 A의 서로 다른 고유값 $\lambda_1, \cdots, \lambda_k$을 가지면 각각에 속하는 고유벡터 $X_1, \cdots, X_k$는 일차독립이다.

증명 집합 $\{X_1, \cdots, X_k\}$가 일차종속이라 하자. 여기서 일차독립인 최대 정수를 r $(1 \le r < k)$라 하자. 그러면 $\{X_1, \cdots, X_r, X_{r+1}\}$은 일차종속이므로

$$c_1X_1 + \cdots + c_rX_r + c_{r+1}X_{r+1} = O \qquad \cdots (1)$$

을 만족하는 모두는 영 아닌 스칼라 c_i 들이 존재한다. 식 (1)의 양변에 행렬 A를 곱하면

$$\begin{aligned} O &= A(c_1X_1 + \cdots + c_rX_r + c_{r+1}X_{r+1}) \\ &= c_1AX_1 + \cdots + c_rAX_r + c_{r+1}AX_{r+1} \\ &= c_1(\lambda_1X_1) + \cdots + c_r(\lambda_rX_r) + c_{r+1}(\lambda_{r+1}X_{r+1}) \end{aligned} \qquad \cdots (2)$$

식 (1)의 양변에 λ_{r+1}을 곱하면

$$c_1\lambda_{r+1}X_1 + \cdots + c_r\lambda_{r+1}X_r + c_{r+1}\lambda_{r+1}X_{r+1} = O \qquad \cdots (3)$$

(2), (3)으로부터

$$c_1(\lambda_1 - \lambda_{r+1})X_1 + \cdots + c_r(\lambda_r - \lambda_{r+1})X_r = O$$

그런데 $\{X_1, \cdots, X_r\}$은 일차독립이므로

$$c_1(\lambda_1 - \lambda_{r+1}) = \cdots = c_r(\lambda_r - \lambda_{r+1}) = 0$$

이고 λ_i 들은 서로 다르므로

$$c_1 = \cdots = c_r = 0 \qquad \cdots (4)$$

이 값을 식(1)에 대입하면

$$c_{r+1}X_{r+1} = O$$

그런데 고유벡터 $X_{r+1} \ne O$ 이므로 $c_{r+1} = 0$ $\qquad \cdots (5)$

(4), (5)로부터 $c_1 = \cdots = c_r = c_{r+1} = 0$이 되어 $\{X_1, \cdots, X_r, X_{r+1}\}$은 일차종속이라는 것에 모순이 된다. 즉, 일차독립인 최대 정수를 r $(1 \le r < k)$이라는 가정이 모순이므로 집합 $\{X_1, \cdots, X_k\}$는 일차독립이다. ■

일반적으로 A의 특성다항식은

$$|\lambda I_n - A| = (\lambda - \lambda_1)^{m_1} \cdots (\lambda - \lambda_k)^{m_k} \ (m_1 + \cdots + m_k = n)$$

형태가 되고, m_i를 λ_i의 중복도라 한다. 앞의 예제에서도 보았듯이 중복도가 있는 고유값에 속한 고유벡터들이 일차독립인 경우도 있다. 다음 절 대칭행렬의 예를 참조한다.

A가 대각화 가능일 때, A^k는 다음 정리에 따라 쉽게 계산할 수 있다.

정리

$$A^k = PD^kP^{-1}, \text{ 여기서 } D^k = \begin{pmatrix} \lambda_1^k & 0 & \cdots & 0 \\ 0 & \lambda_2^k & & \vdots \\ \vdots & & \ddots & 0 \\ 0 & \cdots & 0 & \lambda_n^k \end{pmatrix}$$

증명 $A^k = (PDP^{-1})^k = (PDP^{-1}) \cdots (PDP^{-1}) = PD^kP^{-1}$ ■

연습문제 6.3

1. 다음 중 대각화 가능인 행렬을 고르시오.

(1) $\begin{pmatrix} 5 & -3 \\ 2 & 0 \end{pmatrix}$ (2) $\begin{pmatrix} 1 & 1 \\ 1 & 1 \end{pmatrix}$

(3) $\begin{pmatrix} 1 & 3 & 0 \\ 0 & 2 & 0 \\ 0 & 0 & 2 \end{pmatrix}$ (4) $\begin{pmatrix} 0 & 1 & 1 \\ 1 & 0 & 1 \\ 1 & 1 & 0 \end{pmatrix}$

답 대각화 가능 : (1), (2), (3)

2. 행렬 $A = \begin{pmatrix} 0 & 1 & 8 \\ 1 & 0 & -17 \\ 0 & 0 & 4 \end{pmatrix}$는 대각화 가능임을 보여라.

힌트 고유값

3. $A=\begin{pmatrix} 3 & -2 & 0 \\ -2 & 3 & 0 \\ 0 & 0 & 5 \end{pmatrix}$는 대각화가능 행렬이다. 대각화에 이용되는 행렬은

$$P=\begin{pmatrix} -1 & 0 & 1 \\ 1 & 0 & 1 \\ 0 & 1 & 0 \end{pmatrix}$$

임을 보여라.

4. n차 정사각행렬 A의 특성방정식이 서로 다른 n개의 실근을 가지면 A는 대각화 가능임을 보여라.

5. 행렬 $A=\begin{pmatrix} 0 & 0 & -2 \\ 1 & 2 & 1 \\ 1 & 0 & 3 \end{pmatrix}$에 대하여 $G=\begin{pmatrix} -1 & 0 & -2 \\ 0 & 1 & 1 \\ 1 & 0 & 1 \end{pmatrix}$의 열벡터가 A의 고유벡터임을 보이고, 이때

$$G^{-1}AG=\begin{pmatrix} 2 & 0 & 0 \\ 0 & 2 & 0 \\ 0 & 0 & 1 \end{pmatrix}$$

임을 보여라. 이를 이용하여 A^{10}을 구하라.

답 $A^{10}=GD^{10}G=\begin{pmatrix} -2^{10}+2 & 0 & -2^{11}+2 \\ -1 & 2^{10} & -1 \\ 2^{10} & 0 & 2^{11}-1 \end{pmatrix}$

6. A가 대각화 가능일 때 각각 다음이 성립함을 증명하여라.

(1) A^{-1}도 대각화 가능이다.
(2) A^{k}도 대각화 가능이다. (단, k는 자연수)
(3) A^{T}도 대각화 가능이다.

7. 행렬 A가 대각화 가능 행렬일 때 고유값들의 곱은 $|A|$와 같음을 보여라.

8. 다음을 증명하여라.

$A = \begin{pmatrix} a & b \\ c & d \end{pmatrix}$에 대하여 $D = (a-d)^2 + 4bc$라 할 때 다음을 보여라.

(1) $D > 0$이면 A는 대각화 가능이다.

(2) $D < 0$이면 A는 대각화 가능하지 않다.

6.4 대칭행렬의 직교대각화

정사각행렬 중 대칭행렬들은 중요한 성질을 가진다. 대표적인 것이 **직교대각화 가능**인 것이다. 특히 이차형식은 대칭행렬을 이용하여 표현되므로 그의 직교대각화 성질을 이용하여 이차동차식의 표준화를 체계적으로 다룰 수 있게 된다.

이제 직교행렬을 정의하기로 한다.

정의

정사각행렬 P

$$P^T P = I$$

를 만족하면 **직교행렬** orthogonal matrix 이라 한다.

즉, 직교행렬 P는 $P^{-1} = P^T$이므로 역행렬이 전치행렬이 됨을 알 수 있다.

다음 정리는 직교행렬의 판별 기준이 된다.

정리

직교행렬의 열벡터들은 정규직교 집합이 된다.

증명 직교행렬 P는 $P^T P = I$이므로 $P = (P^1, \cdots, P^n)$와 같이 열벡터들로 나타내면

$$I = P^T P = (a_{ij}), \quad a_{ij} = (P^i)^T P^j$$

로부터 $(P^i)^T P^j = \begin{cases} 1, & i = j \\ 0, & i \neq j \end{cases}$.

그런데 $(P^i)^T P^j = P^j \cdot P^i$ ■

예제 $A=\begin{pmatrix} \frac{2}{3} & -\frac{2}{3} & \frac{1}{3} \\ \frac{2}{3} & \frac{1}{3} & -\frac{2}{3} \\ \frac{1}{3} & \frac{2}{3} & \frac{2}{3} \end{pmatrix}$에 대하여 $AA^T=I_3$가 되어 A는 직교행렬이다.

한편, A의 행(열)벡터들이 정규직교 집합임을 확인할 수 있다.

정의

정사각행렬 A에 대하여 적당한 직교행렬 P와 대각행렬 D가 존재하여

$$P^T AP=D$$

일 때 행렬 A는 **직교대각화 가능**이라 한다.

특별히 직교대각화가 가능인 행렬의 조건을 알아보고, 이때 직교대각화에 이용되는 행렬은 어떻게 구성하는지 알아보자.

Main 정리 $A\in M_n$

A의 고유벡터들이 n개의 정규직교 집합을 이루면 직교대각화가 가능이다.

증명 $Ap^{(1)}=\lambda_1 p^{(1)}, \cdots, Ap^{(n)}=\lambda_n p^{(n)}$인 A의 고유벡터 $p^{(1)}, \cdots, p^{(n)}$는 정규직교 집합이므로 각각을 열벡터로 하는 행렬 $P=(p^{(1)} \cdots p^{(n)})$로 잡으면 앞 정리에 따라 직교행렬이 된다. 또,

$$AP=PD, \text{ 즉 } P^T AP=D$$

$$D=\begin{pmatrix} \lambda_1 & 0 & \cdots & 0 \\ 0 & \lambda_2 & & \vdots \\ \vdots & & \ddots & 0 \\ 0 & \cdots & 0 & \lambda_n \end{pmatrix}$$

형태로 주대각선 성분이 A의 고유값으로 하는 대각행렬이 됨을 알 수 있다. ■

대칭행렬의 직교대각화

정사각행렬 A의 고유값 λ_j에 속하는 고유벡터의 공간

$$E_j = \{X_j \mid (A - \lambda_j) X_j = O\}$$

에 대한 다음 도움 정리는 형식적인 증명은 생략하고, 아래의 예제를 통하여 이해하기로 한다.

> **도움 정리**
>
> 대칭행렬의 고유값 λ_j의 중복도가 k_j일 때, $dim\ E_j = k_j$

도움 정리에 따라 중복도가 있는 고유값에 속하는 고유벡터들은 일차독립이므로 $Gram-Schmidt$ 과정을 통하여 종합하면 **고유벡터들의 n개의 정규직교 집합**을 얻을 수 있다.

> **Main 정리**
>
> 대칭행렬은 직교대각화 가능이다.

증명의 개요

A의 고유다항식을

$$P_A(\lambda) = (\lambda - \lambda_1)^{k_1} \cdots (\lambda - \lambda_j)^{k_j},\ k_1 + \cdots + k_j = n$$

라 할 때, $1 \le dim\ E_j \le k_j$. 그런데 대칭행렬 $A \in M_n$은

(1) 서로 다른 고유값에 속하는 고유벡터는 직교(6.2절 도움 정리)

앞 [도움 정리]에 따라

(2) 각각의 고유공간에 대하여 $dim\ E_j = k_j$, [4)]

4) 대수적 중복도가 기하적 중복도와 일치한다고 말한다.

이므로 종합하면 n차 대칭행렬 A는 "n개의 일차독립인 고유벡터가 존재"하게 되어 Gram-Schmidt 정규직교화 과정을 이용하여 **직교대각화 가능**이 된다. 아래 <u>예제를 통하여</u> 보이기로 한다. ■

예제 (대칭행렬의 직교대각화와 Gram-Schmidt 과정)

$A=\begin{pmatrix} 4 & 2 & 2 \\ 2 & 4 & 2 \\ 2 & 2 & 4 \end{pmatrix}$의 고유값은 $\lambda_1 = 2$, $\lambda_2 = 8$이다.

$\lambda_1 = 2$(중근)에 속하는 일차독립인 고유벡터는 2개를 $X_1 = \begin{pmatrix} -1 \\ 1 \\ 0 \end{pmatrix}$, $X_2 = \begin{pmatrix} -1 \\ 0 \\ 1 \end{pmatrix}$ 선택할 수 <u>있으므로</u> $\dim E_2 = 2$. 즉, $E_2 = \left\langle \begin{pmatrix} -1 \\ 1 \\ 0 \end{pmatrix}, \begin{pmatrix} -1 \\ 0 \\ 1 \end{pmatrix} \right\rangle$. Gram-Schmidt 정규직교화 과정을 이용하여 정규직교화하면

$$v_1 = \frac{X_1}{\| X_1 \|} = \begin{pmatrix} -\frac{1}{\sqrt{2}} \\ \frac{1}{\sqrt{2}} \\ 0 \end{pmatrix}$$

$$v_2 = \frac{X_2 - (X_2 \cdot v_1)v_1}{\| X_2 - (X_2 \cdot v_1)v_1 \|} = \begin{pmatrix} -\frac{1}{\sqrt{6}} \\ -\frac{1}{\sqrt{6}} \\ \frac{2}{\sqrt{6}} \end{pmatrix}$$

$$E_2 = \left\langle \begin{pmatrix} -\frac{1}{\sqrt{2}} \\ \frac{1}{\sqrt{2}} \\ 0 \end{pmatrix}, \begin{pmatrix} -\frac{1}{\sqrt{6}} \\ -\frac{1}{\sqrt{6}} \\ \frac{2}{\sqrt{6}} \end{pmatrix} \right\rangle$$

이제 $\lambda_2 = 8$에 속하는 고유벡터 $X_3 = \begin{pmatrix} 1 \\ 1 \\ 1 \end{pmatrix}$을 얻을 수 있고 즉, $E_8 = \left\langle \begin{pmatrix} 1 \\ 1 \\ 1 \end{pmatrix} \right\rangle$.

정규화하면,

$$v_3 = \frac{X_3}{\| X_3 \|} = \begin{pmatrix} \frac{1}{\sqrt{3}} \\ \frac{1}{\sqrt{3}} \\ \frac{1}{\sqrt{3}} \end{pmatrix}$$

$$E_8 = \left\langle \begin{pmatrix} \frac{1}{\sqrt{3}} \\ \frac{1}{\sqrt{3}} \\ \frac{1}{\sqrt{3}} \end{pmatrix} \right\rangle$$

따라서 대칭행렬 A를 직교대각화 하는 행렬 P는 다음과 같다.

$$P = \begin{pmatrix} -\frac{1}{\sqrt{2}} & -\frac{1}{\sqrt{6}} & \frac{1}{\sqrt{3}} \\ \frac{1}{\sqrt{2}} & -\frac{1}{\sqrt{6}} & \frac{1}{\sqrt{3}} \\ 0 & \frac{2}{\sqrt{6}} & \frac{1}{\sqrt{3}} \end{pmatrix}$$

따라서 대칭행렬은 직교대각화가 가능임을 알 수 있다. 즉,

$$P^T A P = \begin{pmatrix} 2 & 0 & 0 \\ 0 & 2 & 0 \\ 0 & 0 & 8 \end{pmatrix}$$

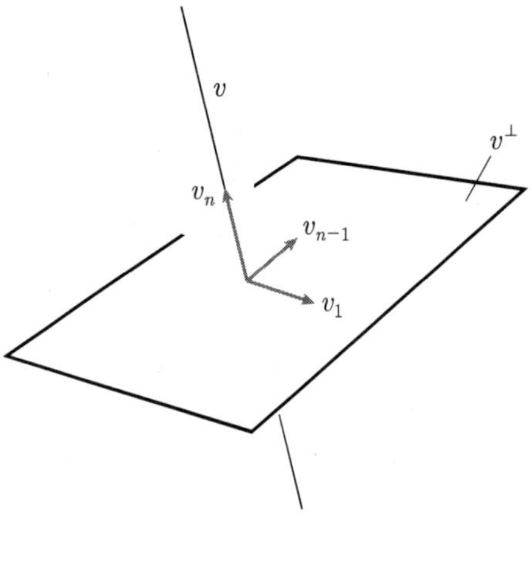

직교대각화 프로세스 알고리즘

(1) $Ap^{(1)} = \lambda_1 p^{(1)}$, $\cdots$, $Ap^{(n)} = \lambda_n p^{(n)}$인 A의 고유벡터 $p^{(1)}$, $\cdots$, $p^{(n)}$를 구한다.

(2) 앞 예제와 같이 고유벡터들의 정규직교 집합을 구성한다.
$p^{(1)}$, $\cdots$, $p^{(n)}$을 각 열벡터로 하는 행렬 $P = (p^{(1)} \cdots p^{(n)})$로 잡는다.

$$P := \left[\; p^{(1)} \;\middle|\; p^{(2)} \;\middle|\; \cdots \;\middle|\; p^{(n)} \;\right]$$

(3) $P^T AP = D,\ D = \begin{pmatrix} \lambda_1 & 0 & \cdots & 0 \\ 0 & \lambda_2 & & \vdots \\ \vdots & & \ddots & 0 \\ 0 & \cdots & 0 & \lambda_n \end{pmatrix}$

대칭행렬은 직교대각화가 가능함을 앞 예제를 통하여 알아보았다. 역으로, 직교대각화 가능이면 대칭행렬임을 논증하여 다음 정리를 얻는다.

> **Main 정리**
>
> 대칭행렬은 직교대각화 가능일 필요충분조건이다.

증명 (직교대각화 가능이면 대칭행렬임을 증명) 대칭행렬 A가 직교대각화 가능이라면, $P^T AP = D$가 되는 직교행렬 P와 대각행렬 D가 존재하므로

$$\begin{aligned} P^T AP &= D = D^T \\ &= (P^T AP)^T = P^T A^T P \end{aligned}$$

따라서 $P^T AP = P^T A^T P$. 그러므로

$$P(P^T AP)P^T = P(P^T A^T P)P^T,\ \text{즉}\ A = A^T \qquad \blacksquare$$

연습문제 6.4

1. 다음 대칭행렬의 고유공간의 차원을 구하라.

(1) $\begin{pmatrix} 1 & 1 \\ 1 & 1 \end{pmatrix}$　　(2) $\begin{pmatrix} 6 & 0 & 0 \\ 0 & 3 & 3 \\ 0 & 3 & 3 \end{pmatrix}$

답 (1) $\lambda_1 = 0$(일차), $\lambda_2 = 0$(일차)
(2) E_6(차원 1), E_0(차원 1)

2. 다음 행렬은 직교행렬임을 보여라.

(1) $\begin{pmatrix} cos\,\theta & -sin\,\theta & 0 \\ sin\,\theta & cos\,\theta & 0 \\ 0 & 0 & 1 \end{pmatrix}$　　(2) $\begin{pmatrix} \frac{\sqrt{3}}{3} & 0 & \frac{\sqrt{6}}{3} \\ \frac{\sqrt{3}}{3} & \frac{\sqrt{2}}{2} & -\frac{\sqrt{6}}{6} \\ \frac{\sqrt{3}}{3} & -\frac{\sqrt{2}}{2} & -\frac{\sqrt{6}}{6} \end{pmatrix}$

3. 다음은 직교행렬임을 확인하고, 간단히 그 역행렬을 나타내어라.

$$\begin{pmatrix} 1 & 0 & 0 \\ 0 & -\frac{\sqrt{3}}{2} & -\frac{1}{2} \\ 0 & -\frac{1}{2} & -\frac{\sqrt{3}}{2} \end{pmatrix}$$

4. 대칭행렬의 행렬식은 그 고유값들의 곱임을 보여라.

5. 다음을 보여라.

(1) A가 직교행렬이면 고유값의 절대값은 1, 즉 $|A| = \pm 1$
(2) A, B가 직교행렬이면 AB도 직교행렬이다.
(3) A가 직교행렬이면 A^T도 직교행렬이다.

6. $a \neq b$일 때, $A = \begin{pmatrix} a & b \\ 0 & b \end{pmatrix}$를 직교대각화하는 행렬 P를 구하라.

답 $P=\begin{pmatrix} 1 & 0 \\ 0 & 1 \end{pmatrix}$

7. $\begin{pmatrix} 1 & 1 & 0 \\ 1 & 1 & 0 \\ 0 & 0 & 1 \end{pmatrix}$는 직교대각화 가능행렬이다. 직교대각화하는 행렬 P를 구하라.

답 $P=\begin{pmatrix} -\frac{1}{\sqrt{2}} & 0 & \frac{1}{\sqrt{2}} \\ \frac{1}{\sqrt{2}} & 0 & \frac{1}{\sqrt{2}} \\ 0 & 1 & 0 \end{pmatrix}$

8. 차수가 같은 직교행렬의 곱은 직교행렬임을 보여라.

9. 정사각행렬 A가 $A^TA = I$이면 $AA^T = I$임을 보여라.

10. 3차 직교행렬 A의 행렬식의 값이 1이면 1을 고유값으로 가짐을 보여라.
또, $P_A(x) = x^3 - (tr\,A)x^2 + (tr\,A)x - 1$임을 보여라.

11. 부분공간 $V \subseteq R^n$에 대하여 n차 정사각행렬 A에 대하여 $AV = \{Av \mid v \in V\}$가 V에 포함되면(즉, $AV \subseteq V$)이면 A가 V를 **보존한다**고 말한다. A가 V를 보존하면 A^T는 $V^\perp$를 보존함을 보여라.

12. 다음을 보여라.

> $A = \begin{pmatrix} \frac{1}{\sqrt{2}} & -\frac{1}{\sqrt{2}} \\ -\frac{1}{\sqrt{2}} & \frac{1}{\sqrt{2}} \end{pmatrix}$일 때, $X, Y \in R^2$에 대하여
> $(AX) \circ (AY) = X \circ Y$임을 확인하여라.

13. $A \in M_n$가 직교행렬일 때,

$$AX \circ AY = X \circ Y$$

임을 보여라.

힌트 $AX \circ AY = X \circ A^T AY$

정의

유클리드 벡터공간 V, V'에 대하여 선형사상 $L: V \to V'$이

$$\langle L(v),\ L(w) \rangle = \langle v,\ w \rangle,\ v,\ w \in V$$

일 때 **직교사상** orthogonal 또는 **등거리 사상** isometry 이라 한다.

부록: R^2 상의 직교행렬

정리

$A \in M_2$가

$$\langle AX,\ AY \rangle = \langle X,\ Y \rangle$$ 5)

를 만족하는 행렬은

$$A = \begin{pmatrix} \cos\varphi & -\sin\varphi \\ \sin\varphi & \cos\varphi \end{pmatrix} \text{ 또는 } A = \begin{pmatrix} \cos\varphi & \sin\varphi \\ \sin\varphi & -\cos\varphi \end{pmatrix}$$

증명 $\langle Ae_1,\ Ae_1 \rangle = {a_{11}}^2 + {a_{21}}^2 = 1$

$\langle Ae_2,\ Ae_2 \rangle = {a_{12}}^2 + {a_{22}}^2 = 1$

이므로 적당한 φ, ψ에 대해서 $a_{11} = \cos\varphi$, $a_{21} = \sin\varphi$, $a_{22} = \cos\psi$, $a_{12} = -\sin\psi$. 그런데

$$\langle Ae_1,\ Ae_2 \rangle = a_{11}a_{12} + a_{21}a_{22} = 0$$

로부터

$$-\cos\varphi\sin\psi + \sin\varphi\cos\psi = 0,\ \text{즉}\ \sin(\varphi - \psi) = 0.$$

따라서 $\varphi = \psi + k\pi$, $k \in Z$. 그러므로 k가 짝수일 때,

$$\cos\varphi = \cos\psi,\ \sin\varphi = \sin\psi$$

k가 홀수일 때,

$$\cos\varphi = -\cos\psi,\ \sin\varphi = -\sin\psi$$ ■

5) $\langle AX,\ AY \rangle = \langle X,\ A^T A Y \rangle$이므로 $A^T A = I$. 즉, A는 직교행렬.

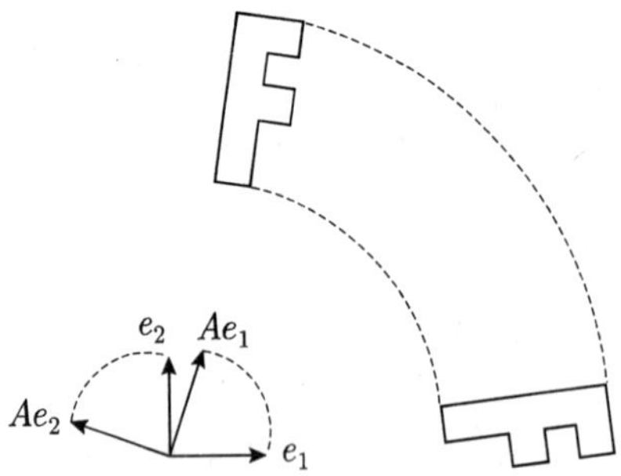
e_2
Ae_1
Ae_2
e_1

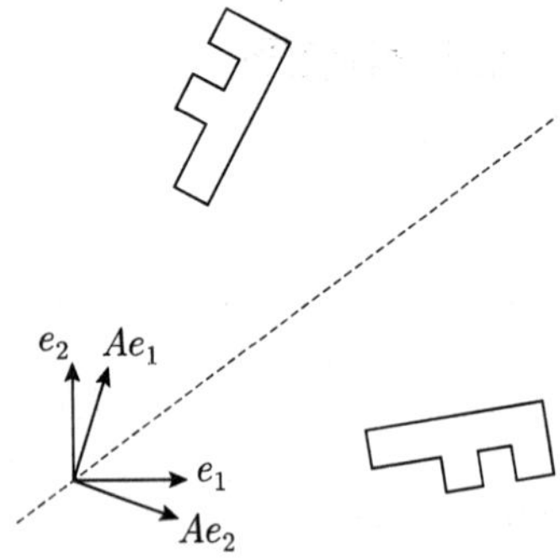
e_2
Ae_1
e_1
Ae_2

Chapter 7

복소벡터공간

7.1 복소벡터공간

지금까지는 스칼라가 실수인 벡터공간에 관하여 알아보았다. 그러나 여러 가지 응용에서 스칼라를 실수로 한정하는 데는 많은 문제점이 있다. 이를테면 실수행렬 $A=\begin{pmatrix} 0 & 1 \\ -1 & 0 \end{pmatrix}$ 의 특성방정식은 $\lambda^2+1=0$로 행렬 A의 모든 성분이 실수임에도 불구하고 그 고유값을 실수 범위에서 구할 수 없다.

복소수 C 상의 벡터공간을 복소벡터공간이라 한다. 복소벡터공간에서의 스칼라는 복소수이다. 대수학의 기본정리에 의하여 "n 차의 정사각(복소)행렬은 n개의 고유값을 갖는다"는 사실은 복소공간에서 성립하게 된다.

우선 C를 스칼라로 하는 벡터공간을 복소벡터공간이라 한다. 이를테면, 성분이 모두 복소수인 행렬공간은 복소벡터공간이다. 특히, 복소내적이 정의된 복소벡터공간 C^n에 대하여 알아본다. n개의 복소수 성분을 갖는 벡터의 집합을

$$C^n=\{(z_1,\ \cdots,\ z_n)\,|\,z_i\in C,\ \ i=1,\ 2,\ \cdots,\ n\}$$

이라 하면, C를 스칼라로 하는 복소벡터공간임을 알 수 있다.

임의의 $Z\in C^n$는

$$Z=(z_1,\ \cdots,\ z_n)=z_1e_1+\cdots+z_ne_n$$

로 나타낼 수 있으므로 $\{e_1,\ \cdots,\ e_n\}$이 (표준)바탕임을 알 수 있다.

복소값을 갖는 연속함수의 집합을 $C[a,\ b]$로 나타내기로 하자. 즉,

$$C[a,\ b]=\{f\,|\ f:[a,\ b]\to C,\ \text{연속함수}\}.$$

$C[a,\ b]$는 복소벡터공간임을 쉽게 알 수 있다.

예제 $e^{imx}\in C\,[0,\ \pi],\ m=0,\ \pm1,\ \pm2,\ \cdots$

정의 복소내적

복소벡터공간 V의 임의의 벡터 u, v, w와 스칼라 $c \in C$에 대하여 다음을 만족하는 $V \times V \to C$로의 함수 $<\ ,\ >$를 V의 내적이라 한다.

1) $\langle u, v \rangle = \overline{\langle v, u \rangle}$
2) $\langle u+v, w \rangle = \langle u, w \rangle + \langle v, w \rangle$
3) $\langle cu, v \rangle = c\langle u, v \rangle$
4) $\langle v, v \rangle \ge 0$, 또 $\langle v, v \rangle = 0 \Leftrightarrow v = 0$

내적을 갖는 복소벡터공간을 **복소내적공간**이라 한다.

다음은 복소내적 정의의 직접적 결과이다.

복소내적의 연산

(1) $\langle O, V \rangle = 0 = \langle V, O \rangle$
(2) $\langle U, V+W \rangle = \langle U, V \rangle + \langle U, W \rangle$
(3) $\langle U, cV \rangle = \bar{c}\langle U, V \rangle$

이제 내적이 정의된 복소내적공간에 대하여 알아본다.

예제 C^n의 두 벡터 $U = (u_1, \cdots, u_n)$, $V = (v_1, \cdots, v_n)$에 대하여

$$U \cdot V = u_1\overline{v_1} + \cdots + u_n\overline{v_n}$$

은 복소내적이다. 이것을 유클리드 내적이라 한다. 복소내적의 일반적 기호로 $\langle U, V \rangle$이다.

예제 여기서는 복소값을 갖는 연속함수의 집합을 $C[a, b]$로 나타내기로 하자. 즉,

$$C[a, b] = \{f \mid f : [a, b] \to C, \text{ 연속함수}\}.$$

$C[a, b]$는 복소벡터공간임을 쉽게 알 수 있다. 특히 다음과 같은 내적을 줄 수 있다.

$$f, g \in C[a, b] \text{에 대하여 } \langle f, g \rangle = \int_a^b f(x)\overline{g(x)}\, dx$$

로 정의하면 이것은 복소내적이다.

$$\langle f, f \rangle = \int_a^b f(x)\overline{f(x)}dx = \int_a^b |f(x)|^2 dx (\geq 0)$$

이고, 특히

$$0 = \langle f, f \rangle = \int_a^b |f(x)|^2 dx \Leftrightarrow |f(x)|^2 = 0, x \in [a, b], \text{ 즉 } f(x) = O$$

이므로 복소내적의 조건을 만족한다. 나머지 조건도 쉽게 알 수 있다.

정의

$U, V \in C^n$, $U = (u_1, u_2, \cdots, u_n)$ $V = (v_1, v_2, \cdots, v_n)$에 대하여 각각 다음과 같다.

유클리드 내적

$$U \cdot V = u_1\overline{v_1} + \cdots + u_n\overline{v_n}$$

유클리드 길이 (노옴 norm)

$$\| U \| = (U \cdot U)^{\frac{1}{2}} = \sqrt{|u_1|^2 + \cdots + |u_n|^2}$$

유클리드 거리

$$d(U, V) = \| U - V \| = \sqrt{|u_1 - v_1|^2 + \cdots + |u_n - v_n|^2}$$

7.2 복소행렬

앞에서는 실수 성분을 갖는 n 차의 정사각행렬 전체의 집합을 M_n으로 나타내었다. 여기서는 복소수 성분을 갖는 n 차의 정사각행렬 전체의 집합을 $M_n(C)$로 나타내기로 한다. 구태여 나타내자면 실수를 성분으로 하는 n차 정사각 (실)행렬의 집합은 $M_n(R)$이다.

실행렬에서의 대칭행렬과 직교행렬의 정의는 각각 Hermite(에르미트) 행렬과 유니타리 Unitary 행렬로 일반화된다. 즉, 에르미트 행렬과 유니타리 행렬의 실수 버전이 대칭행렬과 직교행렬인 것이다.

정의

복소행렬 $A = (a_{ij})_{m \times n}$에 대하여

$$\overline{A} = (\overline{a_{ij}})$$

정의하고 $\overline{A}^T$를 A의 **켤레 전치** Conjugate Transpose **행렬**이라 한다. 즉,

$$\overline{A}^T = (\overline{a_{ji}})_{n \times m}$$

A의 켤레전치 행렬을 기호로 A^*로 나타낸다. 즉,

$$A^* = \overline{A}^T = (\overline{a_{ji}})_{n \times m}$$

정의로부터 A의 모든 성분이 실수인 실행렬인 경우 $A^* = A^T$

정의

$A^* = A$인 복소행렬 A를 **Hermite(에르미트) 행렬**이라 한다.

Hermite 실행렬인 경우 $A^* = A^T$이므로 $A^T = A$, 즉 **대칭행렬**임을 알 수 있다.

정의로부터 Hermite 행렬은 복소공액에 대하여 대칭행렬임을 알 수 있다. 이를테면,

$$\begin{pmatrix} 1 & 1+i \\ 1-i & 0 \end{pmatrix}$$

참고로 $Y^{*}X = \overline{Y^{T}}X = \langle X, Y \rangle$로 쓸 수 있다. 다음은 간단하므로 연습으로 남긴다.

도움 정리 1

(1) $(AB)^{*} = B^{*}A^{*}$

(2) $\langle AX, Y \rangle = \langle X, A^{*}Y \rangle$

8장에서 다룰 이차형식에 준하는 형식에 대하여 다음과 같다.

정리

행렬 $A \in M_n(C)$가 Hermite 행렬일 때, $X^{*}AX$는 실수이다.

증명 우선 $X^{*}AX$는 1×1 행렬, 즉 스칼라이므로 $\overline{X^{*}AX} = \left(\overline{X^{*}AX}\right)^{T}$.

그런데 $\left(\overline{X^{*}AX}\right)^{T} = (X^{*}AX)^{*}$

$$= (AX)^{*}(X^{*})^{*}$$

$$= X^{*}A^{*}X$$

즉, $\overline{(X^{*}AX)} = (X^{*}A^{*}X)$로 스칼라는 실수임을 알 수 있다. ■

(실)대칭행렬과 마찬가지로 다음 성질을 알 수 있다.

정리

행렬 $A \in M_n(C)$가 Hermite 행렬일 때,

(1) 고유값은 모두 실수이다.

(2) 서로 다른 고유값에 속하는 고유벡터는 직교한다.

증명 (1) A가 Hermite 행렬일 때, $(A-\lambda_i I)X_i = O$라 하면,

$$AX_i - \lambda_i X_i = O$$

(좌변)에 X_i^*를 곱하면

$$X_i^* AX_i - \lambda_i X_i^* X_i = O$$

즉,
$$\lambda_i = \frac{X_i^* A X_i}{X_i^* X_i}$$

여기서 분모는 0이 아닌 실수 이고, 분자는 앞 정리에서 실수이다.

(2) A가 Hermite 행렬일 때, $AX_1 = \lambda_1 X_1$, $AX_2 = \lambda_2 X_2$라 하면,
첫 번째 식에 각각 X_2^*를 곱하면,

$$\begin{aligned}\lambda_1 X_2^* X_1 &= X_2^* AX_1 \\ &= X_2^* A^* X_2 \\ &= (AX_2)^* X_1 \\ &= (\lambda_2 X_2^*) X_1\end{aligned}$$

즉,
$$X_2^* X_1 = \frac{\lambda_1}{\lambda_2} X_2^* X_1.$$

그런데 $\lambda_1 \neq \lambda_2$인 실수이므로 $0 = X_2^* X_1 = X_1 \cdot X_2$ ■

예제 $A = \begin{pmatrix} 1 & 0 & 0 \\ 0 & 2 & 1-i \\ 0 & 1+i & 0 \end{pmatrix}$은 $A = A^*$로 Hermite 행렬이다. 그 특성다항식은

$P_A(\lambda) = (\lambda-1)(\lambda^2 - 2\lambda - 2)$로 고유값 $\lambda = 1,\ 1+\sqrt{3}, 1-\sqrt{3}$이다.

정의

복소행렬 A 가 $A = -A^*$이면 A를 **반 Hermite 행렬** skew-Hermite 이라 한다.

이를테면, $\begin{pmatrix} -i & -2i \\ -2i & 3i \end{pmatrix}$, $\begin{pmatrix} 0 & 0 & i \\ 0 & i & 0 \\ i & 0 & 0 \end{pmatrix}$ 들은 반 Hermite 행렬이다.

정의

$U \in M_n(C)$가 $U^* U = I_n = UU^*$ 이면 U를 unitary **행렬**이라 한다.

정의로부터 U가 unitary 행렬이면 $U^* = U^{-1}$. 또한 U의 열벡터들이 정규직교 집합을 이룬다. 즉

$$\langle U^i, U^j \rangle = (U^j)^* U^i = \begin{cases} 1, & (i = j) \\ 0, & (i \neq j) \end{cases}$$

예제 $U = \frac{1}{\sqrt{3}} \begin{pmatrix} 1+i & 1 \\ -1 & 1-i \end{pmatrix}$에 대하여

$U^* = \frac{1}{\sqrt{3}} \begin{pmatrix} 1-i & -1 \\ 1 & 1+i \end{pmatrix}$이고 $U^* U = I$

다음 도움 정리의 증명은 간단하므로 연습으로 남기기로 한다.

도움 정리 2

$U \in M_n(C)$가 Unitary 행렬이면

$$UY = \mu Y \text{일 때 } U^{-1} Y = \overline{\mu} Y$$

정리

$U \in M_n(C)$가 Unitary 행렬이면

(1) $X, Y \in C^n$에 대하여 $\langle UX, UY \rangle = \langle X, Y \rangle$, 따라서

$$\| UX \| = \| X \|$$

(2) U의 고유값 λ은 $|\lambda| = 1$

(3) U의 서로 다른 고유값에 대응하는 각각의 고유벡터는 직교이다.

증명 (1) $\langle UX,\ UY\rangle = (UY)^* UX = Y^* (U^* U)X$

$$= Y^* X = < X, Y>$$

(2) $UX = \lambda X$일 때,

$$< X, X > = < UX, UX > = < \lambda X, \lambda X > = \lambda\overline{\lambda} < X, X >$$

로부터 $|\lambda|^2 = 1$

(3) $\lambda \neq \mu,\ UX = \lambda X,\ UY = \mu Y$ 라 하면,

$$\begin{aligned}\lambda\langle X,\ Y\rangle &= \langle \lambda X,\ Y\rangle = \langle\ UX,\ Y\rangle \\ &= \langle\ X,\ U^*\ Y\rangle,\ [\text{도움 정리 1}] \\ &= \langle\ X,\ U^{-1}\ Y\rangle\end{aligned}$$

그런데 $UY = \mu Y$로 쓰면 앞 [도움 정리 2]로부터

$$\begin{aligned}\lambda\langle X,\ Y\rangle &= \langle\ X,\ U^{-1}\ Y\rangle \\ &= \langle\ X,\ \overline{\mu}\ Y\rangle = \mu\langle X,\ Y\rangle\end{aligned}$$

$\lambda \neq \mu$이므로 $\langle X,\ Y\rangle = 0$ ■

연습문제 7.2

1. 다음 네 개의 벡터가 유클리드 내적을 갖는 C^4에서 서로 직교임을 보여라.

(1) $Z_1 = (i,\ 0,\ 0,\ i)\ \ Z_2 = (i,\ 0,\ 2i,\ -i)$

(2) $Z_3 = (-2i,\ 3i,\ 2i,\ 2i)\ \ Z_4 = (i,\ 2i,\ -i,\ -i)$

2. Hermite 행렬, Unitary 행렬을 찾아라.

(1) $\begin{pmatrix} 1+i & 0 \\ 2 & 3 \end{pmatrix}$ (2) $\begin{pmatrix} 1 & 2+i \\ 2-i & -1 \end{pmatrix}$

(3) $\begin{pmatrix} \frac{1}{\sqrt{2}} & \frac{1}{\sqrt{2}} \\ \frac{-1}{\sqrt{2}} & \frac{1}{\sqrt{2}} \end{pmatrix}$ (4) $\begin{pmatrix} \frac{-1}{\sqrt{2}}i & \frac{1}{\sqrt{2}} \\ \frac{1}{\sqrt{2}} & \frac{1}{\sqrt{2}}i \end{pmatrix}$

(5) $\begin{pmatrix} 0 & i & 1 \\ i & 0 & 2+i \\ -1 & -2+i & 0 \end{pmatrix}$ (6) $\begin{pmatrix} 2 & i & 0 \\ 0 & 1 & -5i \\ 1 & 1-i & 4 \end{pmatrix}$

답 Hermite 행렬 : (2), Unitary 행렬: (3)

3. 실수 성분 Hermite 행렬은 (실)대칭행렬임을 보여라.

4. $A = \begin{pmatrix} -1 & k & -i \\ 3-5i & 0 & m \\ l & 2+4i & 0 \end{pmatrix}$가 Hermite 행렬이 되게 하는 k, l, m을 구하라.

답 $k = 3+5i$, $m = 2-4i$, $l = i$

5. 다음을 보여라.

(1) $(A^*)^* = A$	(2) $(A+B)^* = A^* + B^*$
(3) $(cA)^* = \bar{c}A^*$	(4) $(AB)^* = B^*A^*$

6. $A \in M_n(C)$에 대하여 다음이 Hermite 행렬인지 판정하여라.

(1) A^*A	(2) AA^*
(3) $A + A^*$	(4) $A - A^*$

답 Hermite : (1), (3)

7. 다음을 보여라.

> $A \in M_n(C)$에 대하여 다음과 같음을 보여라.
>
> (1) Hermite 행렬이면 대각선 성분은 실수이다.
> (2) Hermite 행렬이면 iA는 반Hermite 행렬이다.
> (3) 반Hermite 행렬이면 고유값은 모두 순허수이다.
> (4) $A \in M_n(C)$는 Hermite 행렬과 반Hermite 행렬의 합으로 나타낼 수 있다.

8. 다음을 보여라.

> $A \in M_n(C)$가 Hermite 행렬일 때 $|A|$는 실수임을 보여라.

9. 다음을 보여라.

> 행렬 U가 Unitary 행렬이고 동시에 Hermite 행렬이면 그 고유값은 1 또는 -1 임을 보여라.

10. 본문의 다음 (도움 정리) 들을 각각 증명하시오.

> **도움 정리 1**
>
> (1) $(AB)^* = B^* A^*$
> (2) $\langle AX,\ Y \rangle = \langle X,\ A^* Y \rangle$
>
> **도움 정리 2**
>
> $U \in M_n(C)$가 Unitary 행렬이면
>
> $$UY = \mu Y \text{일 때 } U^{-1} Y = \overline{\mu} Y$$

Chapter 8

이차형식 대각화와 부호

8.1 이차형식

연립일차방정식을 다룰 때 우리는 행렬을 이용하여 체계적으로 정리할 수 있음을 보았다. 마찬가지로 이 절에서는 각 항이 이차인 다항식에 대하여 행렬을 이용하여 체계적으로 다루는 방법을 알아본다.

이때 이차다항식은 대칭행렬을 이용하여 나타낼 수 있게 되므로(이것을 이차형식이라 부른다), 앞에서 배운 대칭행렬의 직교대각화 성질을 이용하면 교차항 $x_i x_j$가 없어진 표준형으로 나타낼 수 있다.

따라서 주어진 이차방정식이 나타내는 기하적 의미를 쉽게 알 수 있게 된다.

두 변수 x, y를 갖는 이차방정식은

$$ax^2 + bxy + cy^2 + dx + ey + f = 0$$

의 꼴로, 이것은 이 방정식이 나타내는 도형을 **이차곡선**이라 한다.[1)] 이때, 행렬을 이용하여 나타내면 우선

$$ax^2 + \frac{b}{2}xy + \frac{b}{2}yx + cy^2 + dx + ey + f = 0$$

로 쓸 수 있으므로,

$$(x \ \ y)\begin{pmatrix} a & \frac{b}{2} \\ \frac{b}{2} & c \end{pmatrix}\begin{pmatrix} x \\ y \end{pmatrix} + (d \ \ e)\begin{pmatrix} x \\ y \end{pmatrix} + f = 0$$

로 쓸 수 있다.

여기서 각 항이 이차식인 부분 (이차동차식) $ax^2 + bxy + cy^2$은 이차곡선의 주된 부분이고, 특히 $(x \ \ y)\begin{pmatrix} a & b \\ b & c \end{pmatrix}\begin{pmatrix} x \\ y \end{pmatrix}$ 형태로 나타낸 것을 **이차형식** Quadratic Forms 이라 한다.

1) 두 변수 이차방정식이 나타내는 곡선을 **원뿔곡선**(*Conics*)이라 하는데, 이는 평면과 원뿔의 교차 곡선으로 볼 수 있어 유래된 말이다. 따라서 원뿔곡선은 이차곡선(타원, 쌍곡선, 포물선)외에 교차하는 두개의 직선, 한 직선, 한 점 들로 다양하게 나타난다.

변수가 n개로 $x_1,\ x_2,\ \cdots,\ x_n$인 이차동차식에 대하여 앞과 같은 절차로 이차형식을 정의한다.

정의

A를 n차 대칭행렬이고, $X=\begin{pmatrix} x_1 \\ x_2 \\ \vdots \\ x_n \end{pmatrix}$일 때

$$Q(X)=X^T A\ X=(x_1\ \cdots\ x_n)\begin{pmatrix} a_{11} & \cdots & a_{1n} \\ \vdots & \ddots & \vdots \\ a_{1n} & \cdots & a_{nn} \end{pmatrix}\begin{pmatrix} x_1 \\ x_2 \\ \vdots \\ x_n \end{pmatrix}$$

형태를 **이차형식** a quadratic form 이라 한다.[2)]

정리

이차동차식은 이차형식으로 쓸 수 있다.

증명 일반적으로 n변수 이차식 $Q(X)$는 앞의 예처럼 간단히 $a_{ij}=a_{ji}$가 되도록 고쳐

$$\sum_{j=1}^{n}\sum_{i=1}^{n} a_{ij}x_i x_j\ \ (\text{단},\ a_{ij}=a_{ji})$$

로 나타낼 수 있으므로

$$Q(X)=(x_1\ \cdots\ x_n)\begin{pmatrix} a_{11} & a_{12} & \cdots & a_{1n} \\ a_{12} & & & \\ \vdots & & \ddots & \vdots \\ a_{1n} & & \cdots & a_{nn} \end{pmatrix}\begin{pmatrix} x_1 \\ x_2 \\ \vdots \\ x_n \end{pmatrix}$$

형태의 이차형식으로 쓸 수 있다. ■

2) $X^T A\ X$는 1×1 행렬, 즉 스칼라로 실수를 나타내고 있다.

연습문제 8.1

1. 다음 이차곡선을 이차형식 $X^T A X$(대칭행렬 A)꼴로 나타내어라.

(1) $x^2 + 5y^2 = 20$

(2) $x^2 - y^2 - 10 = 0$

(3) $x^2 - 3y = 0$

2. 이차형식을 행렬곱이 아닌 R^n의 두 벡터 AX와 X의 내적으로 나타낼 수 있다. 즉 $Q(X) = X^T AX = AX \circ X$임을 보여라.

3. 함수 $T: R^n \rightarrow R$, $T(X) = X^T A X$에 대하여 다음을 보여라.

(1) $T(X+Y) = T(X) + T(Y) + X^T A Y + Y^T AX$

(2) $T(kX) = k^2 T(X)$

8.2 이차형식의 대각화

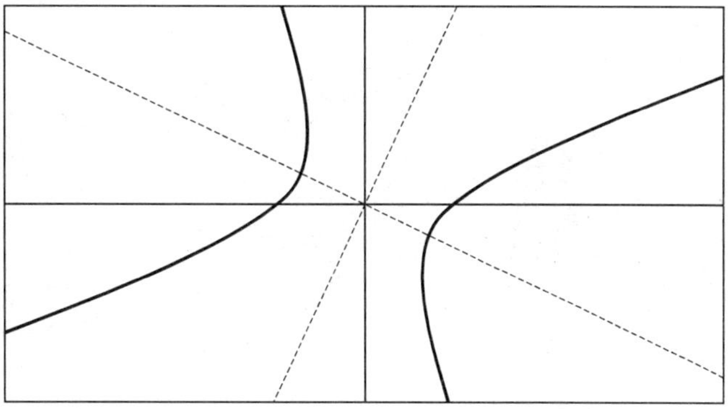

이변수 이차방정식 $ax^2+2bxy+cy^2+dx+ey+f=0$에서 이차항 중 xy 형태의 항을 **교차항**이라 한다. 이차방정식의 그래프를 쉽게 그리는 방법은 직교변환에 의하여 교차항을 제거하는 것이다. 여기서 나타나는 직교변환은 앞에서 배운 평면변환 중 회전변환이기 때문이다. 우선 이차형식 부분이 주요 부분이므로 이차형식의 **대칭행렬의 직교대각화** 과정을 살펴보기로 하자.

직교행렬의 대각화를 이용하는 체계적인 방법을 소개하기로 한다. 이변수 이차형식

$$q(x,y)=ax^2+2b\,xy+c\,y^2=(x\ \ y)\begin{pmatrix} a & b \\ b & c \end{pmatrix}\begin{pmatrix} x \\ y \end{pmatrix}$$

에서 $b\neq 0$인 경우 교차항을 가진다. 이 경우 어떤 좌표계에서는 주어진 이차형식의 교차항 $2bxy$가 나타나지 않게 할 수 있다.

정리 주축정리, Principle Axis Theorem

대칭행렬 $A\in M_2$의 고유값을 λ_1, λ_2라 할 때, 이차형식 $q(X)=X^TAX$는 좌표축의 회전에 의하여 새로운 x', y' 좌표계에서

$$q(X)=\lambda_1(x')^2+\lambda_2(y')^2$$

따라서 주어진 이차곡선은 λ의 부호별 경우로 나누면 새로운 x', y' 좌표계에서 다음과 같다.

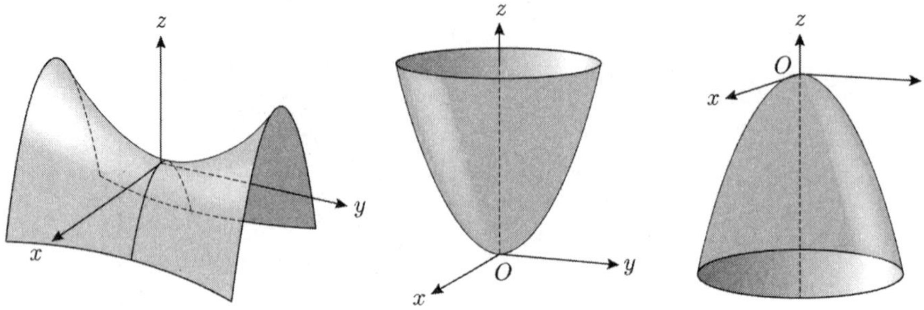

증명 **주축정리 증명** 대칭행렬 $A=\begin{pmatrix} a & b \\ b & c \end{pmatrix}$의 고유값 λ_1, λ_2에 해당하는 고유벡터 v_1, v_2는 직교벡터(앞에서 $\lambda_1 \neq \lambda_2$인 경우) 또는 직교화 가능이다. 따라서 단위화하면 우리는 고유벡터의 정규직교 집합 v_1, v_2를 얻는다. 이제 각각을 열벡터로 하는 행렬 $P=(v_1,\ v_2)$를 잡으면 직교행렬이 되고, 특히

$$P^TAP=D=\begin{pmatrix} \lambda_1 & 0 \\ 0 & \lambda_2 \end{pmatrix}$$

이제 $P^TX=X'$인 새 좌표 $X'=\begin{pmatrix} x' \\ y' \end{pmatrix}$에 대하여

$$\begin{aligned} q(X) &= X^TAX=(PX')^TA(PX') \\ &= (X')^T(P^TAP)(X') \\ &= (X')^T D (X')=(x'\ y')\begin{pmatrix} \lambda_1 & 0 \\ 0 & \lambda_2 \end{pmatrix}\begin{pmatrix} x' \\ y' \end{pmatrix} \end{aligned}$$

정리하면,

$$\begin{aligned} q(x,y) &= ax^2+2bxy+cy^2 \\ &= \lambda_1(x')^2+\lambda_2(y')^2 \end{aligned}$$

■

예제 이차형식의 대각화 과정을 이용하여 이차곡선 $3x^2+2xy+3y^2-8=0$의 형태를 알아보자.

풀이 이차방정식을 이차형식으로 정리하면

$$X^TAX=(x,\ y)\begin{pmatrix}3&1\\1&3\end{pmatrix}\begin{pmatrix}x\\y\end{pmatrix}=8$$

A의 고유값은 $\lambda_1=2,\ \lambda_2=4$이므로 주축정리에 따라

$$2(x')^2+4(y')^2=8$$

따라서 주어진 이차곡선의 그래프는 그림과 같다. ■

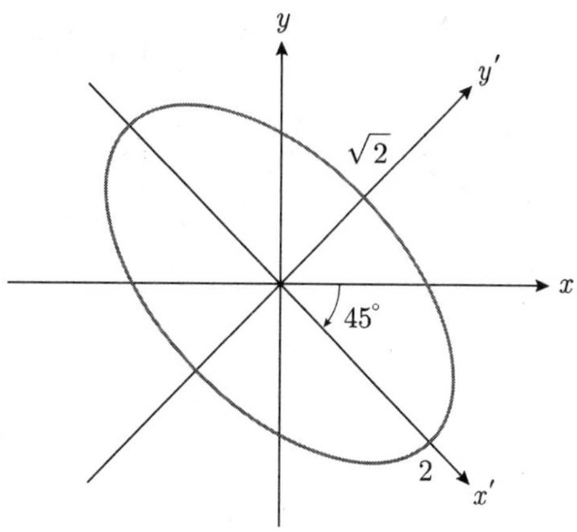

자세히 살펴보면 고유값 $\lambda_1=2,\ \lambda_2=4$에 해당하는 고유벡터는

$$v_1=\begin{pmatrix}\frac{1}{\sqrt{2}}\\-\frac{1}{\sqrt{2}}\end{pmatrix}\quad v_2=\begin{pmatrix}\frac{1}{\sqrt{2}}\\\frac{1}{\sqrt{2}}\end{pmatrix}$$

이므로 해당하는 직교행렬 $P=\begin{pmatrix}\frac{1}{\sqrt{2}}&\frac{1}{\sqrt{2}}\\-\frac{1}{\sqrt{2}}&\frac{1}{\sqrt{2}}\end{pmatrix}$. 따라서 $x'y'$ 축은 xy 축을 시계반대방향으로 $-45°$ 회전한 축이다.

예제 이차방정식 $2x^2+2xy+2y^2=9$이 나타내는 이차곡선의 그래프를 쉽게 그리려면 직교행렬 $P=\begin{pmatrix} \frac{1}{\sqrt{2}} & -\frac{1}{\sqrt{2}} \\ \frac{1}{\sqrt{2}} & \frac{1}{\sqrt{2}} \end{pmatrix}$를 이용하여 주축정리에 따라

$$\frac{(x')^2}{3}+\frac{(y')^2}{9}=1$$

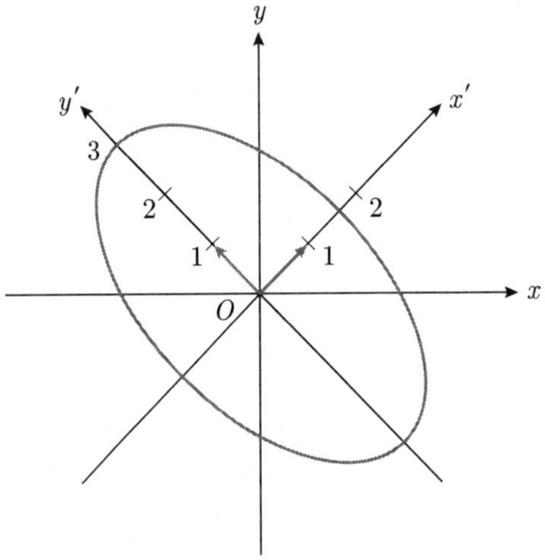

R^n상으로 일반화하면 다음과 같이 정리된다.

정리 주축정리

대칭행렬 $A\in M_n$의 고유값을 λ_1, λ_2, $\cdots$, λ_n라 할 때, 이차형식 $q(X)=X^TAX$는 좌표축의 회전에 의하여 새로운 좌표계 $X'=(x_1', x_2', \cdots, x_n')$에서

$$q(X)=\lambda_1(x_1')^2+\lambda_2(x_2')^2+\cdots+\lambda_n(x_n')^2$$

연습문제 8.2

1. 다음 이차곡선에서 직교좌표 변환을 이용하여 xy 항(교차항)을 소거하여 그 그래프를 그려라.

(1) $4x^2+6xy-4y^2=5$

(2) $x^2+2xy+y^2+3x+y-1=0$

답 (2) $2(y')^2+\sqrt{2}\,x'+2\sqrt{2}\,y'=1$

2. 다음 이차곡선에 대한 대칭행렬 A의 고유값을 이용하여 타원, 쌍곡선, 포물선 중 어떤 것인지 판정하여라.

(1) $x^2+5y^2=20$

(2) $x^2-y^2-10=0$

(3) $x^2-3y=0$

답 (1) $\lambda=1,5$(타원), (2) $\lambda=1,-1$(쌍곡선)

8.3 이차형식의 부호

우선 대표적인 표준형 2변수 2차동차식은 다음과 같다.

$$q(x,\ y) = xy \qquad q(x,\ y) = x^2 + y^2 \qquad q(x,\ y) = -x^2 - y^2$$

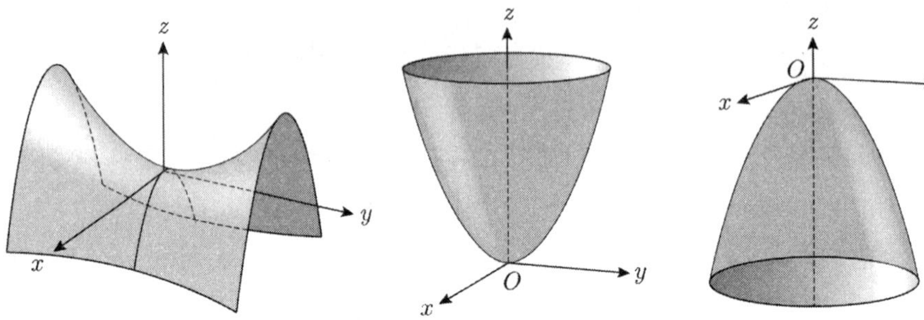

첫 번째 그래프 곡면과 비슷한 그래프를 갖는 2차동차식은 $q(x,\ y) = x^2 - y^2$이다. 그 그래프들은 각각 $xy-$평면의 위쪽, 아래쪽, 양쪽 모두에 놓여 있다. 안장 곡면 saddle이라 하는데 원점이 극대도 극소도 아닌 특징이 있다.

다음 도움 정리는 2변수 2차동차식의 부호를 판별하는 판별 조건이다. 이차식을 표준형으로 고쳐 쓰면 알 수 있다. (미적분 도서 참조)

도움 정리: 이차동차식의 부호 3)

이차동차식 $Q(x,\ y) = ax^2 + 2bxy + cy^2$

(1) $ac - b^2 > 0$인 경우

$a > 0$이면 $Q(x,\ y) \geq 0$, 즉 $Q(x,\ y)$는 양(부호)곡면

$a < 0$이면 $Q(x,\ y) \leq 0$, 즉 $Q(x,\ y)$는 음(부호)곡면

3) 다변수 함수의 Taylor 2차 전개식에 대한 Hess 행렬식(Hessian)이 다변수 함수의 임계점이 극대, 극소, 극대도 극소도 아닌지 구별하는 판별식이 된다.

(2) $ac - b^2 < 0$인 경우

$Q(x,\ y)$는 양곡면도 음곡면도 아니다. 즉, 부정(부호)곡면.

(이차형식: 이차동차식의 행렬곱 표현) 이 절에서는 판별 조건을 기억하기 쉽게 행렬곱인 이차형식으로 바꾸어 나타내어 보자.

형태적으로 쉽게 배우기 위하여 행렬 표현이 편리하다. 우선, 이차동차식은 다음과 같이 행렬곱으로 나타낼 수 있다. 즉,

$$ax^2 + 2bxy + cy^2 = (x,\ y)\begin{bmatrix} a & b \\ b & c \end{bmatrix}\begin{pmatrix} x \\ y \end{pmatrix}$$

로 쓸 수 있는데, 대칭행렬 $A = \begin{pmatrix} a & b \\ b & c \end{pmatrix}$의 행렬식 $|A| = b^2 - ac$의 부호가 앞의 도움 정리의 판정조건에 해당함을 알 수 있다.

정리

2변수 2차동차식 $Q(x,\ y) = ax^2 + 2bxy + cy^2$을 $X^TAX = (x, y)\begin{bmatrix} a & b \\ b & c \end{bmatrix}\begin{pmatrix} x \\ y \end{pmatrix}$로 나타낼 때 곡면 $z = Q(x,\ y)$는 대칭행렬 A에 대하여

(1) $|A| > 0$인 경우 $\begin{cases} a > 0 \text{이면, 양곡면} \\ a < 0 \text{이면, 음곡면} \end{cases}$

(2) $|A| < 0$인 경우, 양곡면도 음곡면도 아니다(부정부호 곡면)

예제 $q(x,\ y) = x^2 + 2xy - y^2$는 부정부호 곡면임을 알아보자.

풀이 $x^2 + 2xy - y^2 = x^2 + \dfrac{2}{2}xy + \dfrac{2}{2}yx - y^2$

$$= (x, y)\begin{pmatrix} 1 & \dfrac{2}{2} \\ \dfrac{2}{2} & -1 \end{pmatrix}\begin{pmatrix} x \\ y \end{pmatrix}$$

대칭행렬 $A = \begin{pmatrix} 1 & 1 \\ 1 & -1 \end{pmatrix}$의 행렬식은 $-2\ (<0)$ ■

정의

행렬 $A \in M_n$이 대칭행렬일 때, 이차형식 $q(X) = X^T A X$가 임의의 $X \neq O$에 대하여 $q(X) > 0$이면 **양의 정부호** positive definite, $q(X) < 0$이면 **음의 정부호**, 또한 어떤 X_1, X_2에 대하여 $q(X_1) > 0$, $q(X_2) < 0$이면 $q(X)$를 **부정부호**라 한다. 한편, 각각의 경우 행렬 $A \in M_n$를 **양행렬**, **음행렬**, 그리고 **부정행렬**이라 부르기도 한다.

정리

$A \in M_3$가 대칭행렬일 때, 이차형식 $q(X) = X^T A X$에 대하여

(1) A의 고유값이 모두 양(음)이면, $q(X)$는 양(음)의 정부호

(2) A가 양의 고유값과 음의 고유값을 모두 가지면 $q(X)$는 부정부호

증명 (1) $n=3$ 주축정리의 증명과정에서 A의 고유값을 λ_1, λ_2, λ_3 새로운 좌표를 $X' = (x', y', z')$으로 쓰면

$$q(X) = \lambda_1 (x')^2 + \lambda_2 (y')^2 + \lambda_3 (z')^2$$

이므로 (1)은 직접적인 결과이다.

(2) 편의상 $\lambda_1 > 0$, $\lambda_2 < 0$이라 쓰면, λ_1에 속하는 단위고유벡터를 v_1, λ_2에 속하는 단위고유벡터를 v_2라 할 때,

$$q(v_1) = v_1^T A v_1 = v_1^T (\lambda_1 v_1) = \lambda_1 v_1 \circ v_1 = \lambda_1 (> 0)$$

마찬가지로 하면 $q(v_2) = \lambda_2 (< 0)$ ■

예제 다음 이차형식이 양의 정부호인지 보이자.

$$q(x, y, z) = 3x^2 + 2y^2 + 3z^2 - 2xy - 2yz$$

풀이 $A = \begin{pmatrix} 3 & -1 & 0 \\ -1 & 2 & -1 \\ 0 & -1 & 3 \end{pmatrix}$의 특성방정식

$$|A-\lambda I_3| = (4-\lambda)(3-\lambda)(1-\lambda) = 0$$

고유값은 모두 양이므로, $q(x,\ y,\ z)$는 양의 정부호 ■

예제 다음 이차형식은 부정부호임을 보이자.

$$q(x,\ y,\ z) = 6xy + 10yz$$

풀이 $A = \begin{pmatrix} 0 & 3 & 0 \\ 3 & 0 & 5 \\ 0 & 5 & 0 \end{pmatrix}$의 특성방정식 $-\lambda^3 + 34\lambda = 0$로부터 $\lambda_1 = \sqrt{34}$, $\lambda_2 = 0$, $\lambda_3 = -\sqrt{34}$ ■

$A \in M_n$이 대칭행렬일 때 $|A| = \lambda_1 \cdots \lambda_n$이므로 주축정리에서 다음을 얻는다.

정리

$q(X)$가 양, 음, 또는 부정부호일 필요충분조건은

A의 고유값이 모두 0이 아닌 것이다.

연습문제 8.3

1. 다음 이차동차식이 양의 정부호, 음의 정부호 또는 부정부호인지 판정하라.

이차동차식	양의 정부호 / 음의 정부호 / 부정부호
$q(x,y) = 6xy$	
$q(x,y) = 2x^2 - 6xy + 10y^2$	
$q(x,y) = 3x^2 + 8xy - 3y^2$	

답 부정부호, 양의 정부호, 부정부호

2. 이차형식 X^TAX에서 행렬 A가 다음과 같을 때 행렬의 부호를 구하라.

(1) $\begin{pmatrix} 1 & 0 & 1 \\ 0 & 1 & 0 \\ 1 & 0 & 1 \end{pmatrix}$ (2) $\begin{pmatrix} 2 & -3 & 0 \\ -3 & 0 & 0 \\ 0 & 0 & 4 \end{pmatrix}$

(3) $\begin{pmatrix} -4 & 7 & 8 \\ 7 & -3 & 9 \\ 8 & 9 & -1 \end{pmatrix}$

답 (1) 양의 정부호, (2) 부정부호

3. 두 양행렬의 합은 양(행렬)임을 보여라.

4. 양행렬의 양의 상수배는 양임을 보여라.

5. 양행렬은 가역행렬임을 보여라. 또, 양행렬의 역행렬은 양행렬임을 보여라.

6. 2차 대칭행렬 $A = \begin{pmatrix} a & b \\ c & d \end{pmatrix}$가 양행렬이기 위한 필요충분조건은

$$a > 0,\ det\, A > 0$$

임을 보여라.

7. 2차 대칭행렬 $A = \begin{pmatrix} a & b \\ b & c \end{pmatrix}$가 음행렬이기 위한 필요충분조건은

$$a < 0,\ det\ A > 0$$

임을 보여라.

8. 2차 대칭행렬 A에 대하여 $det\ A < 0$이면, $X^TAX > 0$, $Y^TAY > 0$가 되는 $X, Y \in R^2$가 각각 존재함을 보여라.

9. 이차방정식 $ax^2 + 2bxy + cy^2 + dx + ey + f = 0$의 그래프에 대하여 $\triangle = ac - b^2$라 할 때 다음을 보여라.

(1) $\Delta > 0$이면 타원이다.
(2) $\Delta < 0$이면 쌍곡선이다.
(3) $\Delta = 0$이면 포물선이다.

10. 대칭행렬 A가 양의 정부호이면 A^2, A^{-1}도 각각 양의 정부호임을 보여라.

11. $A \in M_n$가 대칭행렬이고, 양의 정부호일 때 $\langle X, Y \rangle = X^T A Y$는 벡터공간 R^n의 **내적**임을 보여라.

12. 이차형식 $q(x, y) = ax^2 + 2bxy + cy^2 = X^T A X$의 $A = \begin{pmatrix} a & b \\ b & c \end{pmatrix}$의 고유값을 λ_1, λ_2 라 할 때, 다음을 보여라.

(1) $|A| = \lambda_1 \lambda_2$

(2) $tr(A) = \lambda_1 + \lambda_2$

(3) $|A| > 0$이면 (1), (2)를 이용하여 a, c, λ_1, λ_2가 모두 같은 부호임을 보여라. 특히, $a > 0$이면 λ_1, λ_2가 모두 양수임을 보여라. (즉, $|A| > 0$, $a > 0$은 $q(x, y)$가 양의 정부호일 조건)

부록: R^3의 이차곡면

n차 대칭행렬 A에 대하여 양의 고유값, 음의 고유값, 그리고 고유값 0의 개수의 쌍인

$$In(A) = (\text{양의 수, 음의 수, 0의 수})$$

를 대칭행렬 A의 **지표** inertia 라 하자. 그러면 다음과 같이 이차곡면 $c = X^TAX =$ $= (x\ y\ z)\begin{pmatrix} a & b & c \\ b & d & e \\ c & e & f \end{pmatrix}\begin{pmatrix} x \\ y \\ z \end{pmatrix}$을 분류할 수 있다.

Identification of Quadric Surfaces	
$\text{In}(A) = (3, 0, 0)$	Ellipsoid
$\text{In}(A) = (2, 0, 1)$	Elliptic paraboloid
$\text{In}(A) = (2, 1, 0)$	Hyperboloid of one sheet
$\text{In}(A) = (1, 2, 0)$	Hyperboloid of two sheets
$\text{In}(A) = (1, 1, 1)$	Hyperbolic paraboloid
$\text{In}(A) = (1, 0, 2)$	Parabolic cylinder

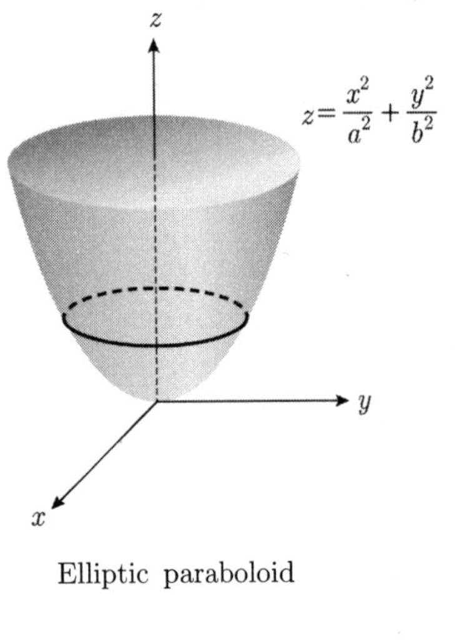

Elliptic paraboloid

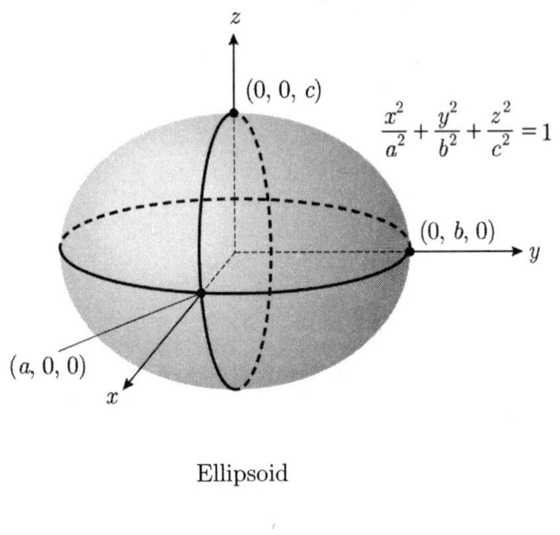

Ellipsoid

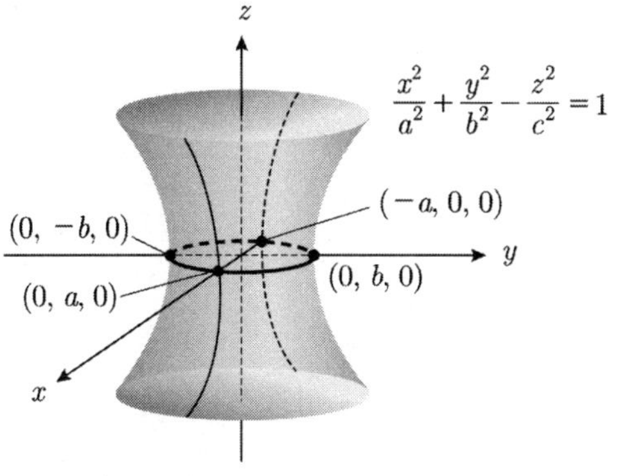

Hyperboloid of one sheet

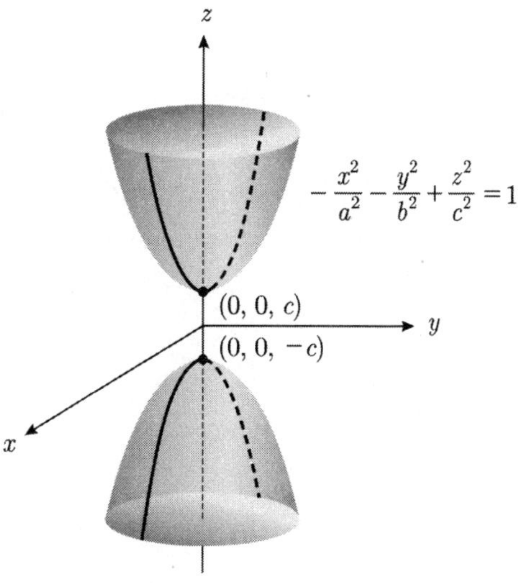

Hyperboloid of two sheets

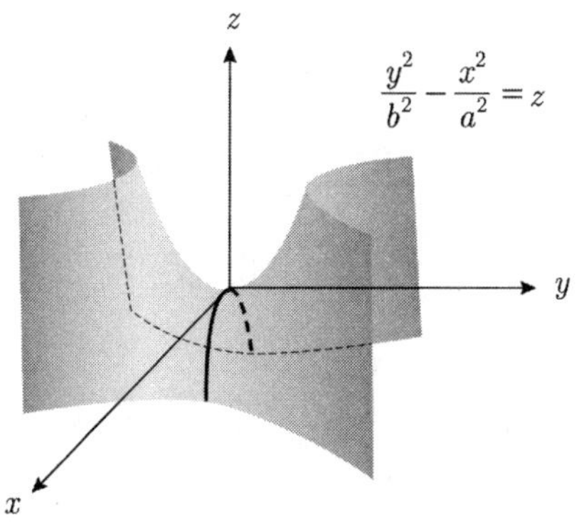

Hyperbolic paraboloid

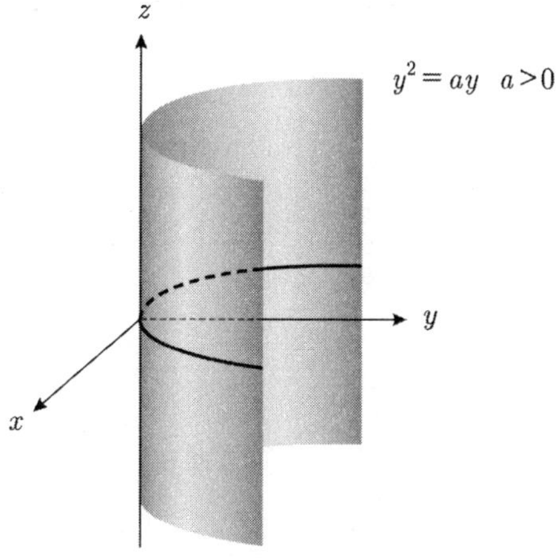

Parabolic cylinder

부록 1

선형대수 & 해석

이차형식의 극값 [증명 1]

대칭행렬 $A \in M_n$에 대해 이차형식 $f(X) = X^T A X$이 단위구 $S = \{X \in R^n \mid \|X\| = 1\}$ 상의 최대값, 최소값을 갖는다. 왜냐하면, 유계 폐집합 S상에서 연속함수 f는 <최대-최소 정리>에 따라 그 상에서 최대-최소값을 갖게 된다.

정리

대칭행렬 $A \in M_n$에 대해 이차형식 $f(X) = X^T A X$이 단위구 $S = \{X \in R^n \mid \|X\| = 1\}$ 상의 최대값, 최소값을 주는 점 $P \in S$에 대하여

$$AP = \lambda P, \ \lambda \in R$$

증명 $W = \{w \in R^n \mid w \cdot P = 0\}$, 즉 $W = [P]^{\perp}$.

이제 $w \in W$, $\|w\| = 1$에 대하여 $C(t) = (\cos t)P + (\sin t)w$를 생각하면

$\|C(t)\| = 1$이므로 $C(t) \subseteq S$, 그리고 $C(0) = P$, $C'(0) = w$ (계산 보충)

$g(t) = f(C(t))$를 생각하면, f는 P에서 최대(또는 최소)가 되므로 $g'(0) = 0$.

$$\begin{aligned} g' &= \frac{d}{dt}[C(t)^T A\ C(t)] = \frac{d}{dt}[C(t) \cdot AC(t)] \\ &= C' \cdot AC + C \cdot (AC)' \end{aligned}$$

여기서 두 번째 항 $C \cdot (AC)' = C \cdot AC'$

$$\begin{aligned} &= (AC')^T C = (C')^T A^T C = (C')^T AC \\ &= AC \cdot C' = C' \cdot AC \end{aligned}$$

정리하면 $g' = 2C' \cdot AC$가 되어 $0 = g'(0) = 2w \cdot AP$.

즉, $w \perp (AP)$. 그런데 $w \in W$, $W = [P]^{\perp}$이므로 $(AP) \in ([P]^{\perp})^{\perp}$. 그런데 $([P]^{\perp})^{\perp} = [P]$이므로

$$(AP) \in [P], \text{ 즉 적당한 } \lambda \in R\text{에 대하여 } AP = \lambda P$$ ■

(계산 보충)

증명 과정에서 $C'(t) = (-\sin t)P + (\cos t)w$이므로 $C'(0) = w$. 한편

$$\| C(t) \|^2 = (\cos^2 t)\| P \|^2 + (\sin^2 t)\| w \|^2 + 2(\sin t)(\cos t)(P \cdot w)$$

그런데 $\| P \| = \| w \| = 1$ 그리고 $P \cdot w = 0$이므로

$$\| C(t) \|^2 = \cos^2 t + \sin^2 t \ (=1)$$

정리

$$Max_S f = A\text{의 최대고유값}$$

증명 $Max_S\ f = f(P)$, $P \in S$로 나타내면 앞의 정리에 따라 P는 A의 고유벡터이므로

$$\begin{aligned} f(P) &= P^T AP = P^T(\lambda P) \\ &= \lambda(P \cdot P) = \lambda \| P \|^2 = \lambda \end{aligned}$$ ■

이차형식의 극값 [증명 2]

정리 **제한집합 상의 극값**

R^n 공간의 단위 구면 $S=\{X\in R^n \mid \|X\|=1\}$ 상의 함수 $f: R^n \to R$, $f(X)=X^TAX$ (A는 $n\times n$ 대칭행렬)에 대하여 S 상에서 f의 최대, 최소를 주는 벡터 $X\in S$는 A의 고유벡터임을 보여라.

풀이 Lagrange 미정계수법을 이용하기 위하여

(1) $\nabla f=2AX$임을 보이자.

(2) $g(X)=\|X\|-1$로 쓰면, 집합 S 상에서 $\nabla g = X$임을 보이자.

$f(X)=(AX)\circ X$로 쓸 수 있다. $i=1, 2, \cdots, n$에 대하여

$$\frac{\partial f}{\partial x_i}=(A\frac{\partial}{\partial x_i}X)\circ X+(AX)\circ\frac{\partial}{\partial x_i}X$$

$$=A\begin{pmatrix}0\\ \vdots\\ 1\\ \vdots\\ 0\end{pmatrix}\circ\begin{pmatrix}x_1\\ \vdots\\ x_i\\ \vdots\\ x_n\end{pmatrix}+AX\circ\begin{pmatrix}0\\ \vdots\\ 1\\ \vdots\\ 0\end{pmatrix}$$

$$=\begin{pmatrix}a_{1i}\\ \vdots\\ a_{ii}\\ \vdots\\ a_{ni}\end{pmatrix}\circ\begin{pmatrix}x_1\\ \vdots\\ x_i\\ \vdots\\ x_n\end{pmatrix}+\begin{pmatrix}\vdots\\ \sum_{j=1}^{n}a_{ij}x_j\\ \vdots\end{pmatrix}\circ\begin{pmatrix}0\\ \vdots\\ 1\\ \vdots\\ 0\end{pmatrix}$$

$$=\sum_{j=1}^{n}a_{ji}x_j+\sum_{j=1}^{n}a_{ij}x_j$$

$$=\sum_{j=1}^{n}(a_{ij}+a_{ji})x_j=2\sum_{j=1}^{n}a_{ij}x_j$$

$$=2(AX)_i \text{ 즉, } \nabla f=2AX \qquad \cdots(1)$$

$g(X) = \sqrt{x_1^2 + \cdots + x_n^2} - 1$, $\|X\| = 1$이므로

$$\frac{\partial g}{\partial x_i} = \frac{1}{2\sqrt{x_1^2 + \cdots + x_n^2}}(2x_i) = \frac{x_i}{\|X\|} = x_i \text{ 즉, } \nabla g = X \qquad \cdots (2)$$

<u>라그랑쥬 미정계수법</u>에 따라 S 상에서 f의 최대, 최소값을 주는 점 X에서는 적당한 실수 c가 존재하여 $\nabla f(X) = c\ \nabla g(X)$이므로 앞의 결과 (1), (2)를 각각 대입하면

$$2AX = c\ X, \text{ 즉 } AX = \lambda X, \text{ 단, } \lambda = \frac{c}{2}$$

따라서 f의 최대, 최소값을 주는 점 $X \in S$는 행렬 A의 고유벡터이다. ■

선형변환과 area

두 벡터 $v, w \in R^2$가 이루는 평행사변형 P와 $L(e_1)=v$, $L(e_2)=w$로 주어진 선형변환 $L: R^2 \to R^2$에 대하여 다음 정리가 있다.[1]

도움 정리[2]

$$Area(P) = |det\ L|$$

두 벡터 $v, w \in R^2$가 이루는 평행사변형 P와 선형변환 $L: R^2 \to R^2$에 대하여 다음 정리를 얻는다.

정리

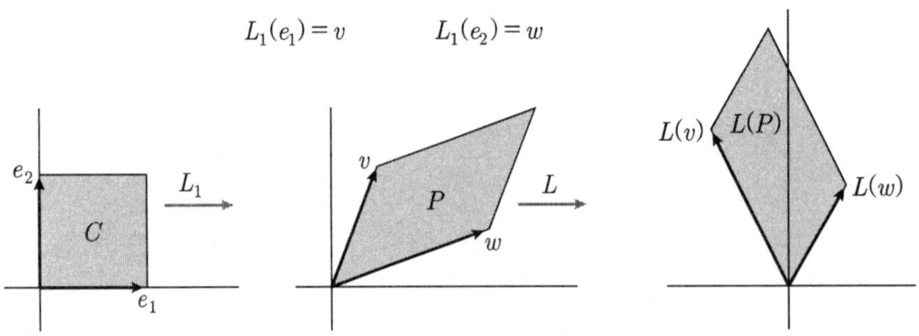

$$Area\ L(P) = |det\ L| \cdot Area\,(P)$$

증명 $L_1(e_1)=v$, $L_1(e_2)=w$인 선형변환 $L_1: R^2 \to R^2$을 생각하면, 단위벡터 e_1, e_2가 이루는 단위정사각형 C에 대하여

$$L(P) = L(L_1(C)) = (L \circ L_1)(C)$$

이므로 합성 $L \circ L_1$은 다시 선형변환이 되므로, 앞 도움 정리에 따라

---

1) 일반적 논증은 미적분 참조(간단히 [부록] 외적의 각주 참조할 수 있다.)

2) 여기서 기호 L은 L의 표현행렬을 나타냄을 주의한다.

$$Area\ L(P) = |det\ (L \circ L_1)|$$

선형변환의 합성은 각각의 표현행렬의 곱으로 나타나므로, 행렬식의 성질에 따라 각각의 곱이 되므로

$$|det\ (L \circ L_1)| = |det\ L| \cdot |det\ L_1|$$

그런데, 앞 도움 정리에서 $|det\ L_1| = Area(P)$이므로 결과를 얻는다. ■

임의의 직사각형 R에 대해서는 다음은 직접적인 결과이다.

따름정리

$$Area\ L(R) = |det\ L|\ Area(R_1)$$

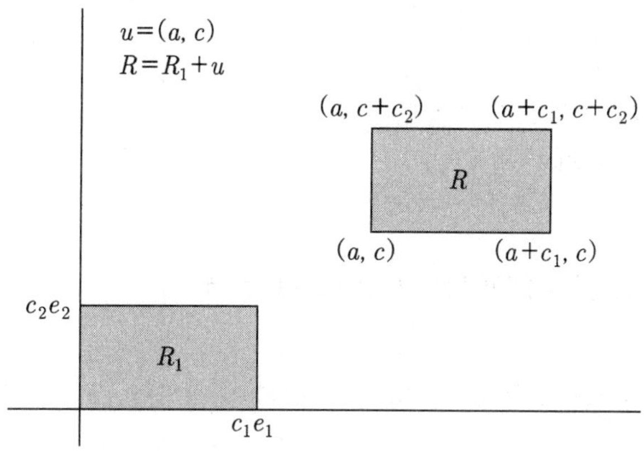

증명 그림에서 직사각형 R의 변의 길이를 각각 c_1, c_2이므로 두 벡터 c_1e_1, c_2e_2가 이루는 평행사변형 R_1을 벡터 $u=(a,\ c)$만큼 평행이동한 것, 즉 $R = R_1 + u$이므로

$$L(R) = L(R_1 + u) = L(R_1) + L(u)$$

그런데 넓이는 평행이동에 의하여 불변하는 양이므로 $Area\ L(R) = Area\ L(R_1)$ 그런데 앞의 정리에 따라 $Area\ L(R_1) = |det\ L|\ Area\ (R_1)$ ■

등장변환 iso-metry

일반적으로 n차원 공간 속에서 (초평면에 대한) 반사변환, 회전변환, 그리고 평행이동으로 주어지는 변환들은 모두 두 점 사이의 거리를 보존하는 변환들이다. 이러한 변환들을 등장변환 iso-metry 이라 한다. 즉, $T: R^n \to R^n$ 이

$$\| T(X) - T(Y) \| = \| X - Y \|, \quad X, Y \in R^n \qquad \cdots (*)$$

이 성립하는 T를 **등장변환**이라 한다.

정리

$T: R^n \to R^n$ 이 $T(O) = O$인 **등장변환**이면

(1) $\| T(X) \| = \| X \|$

(2) $T(X) \circ T(Y) = X \circ Y$

(3) $T(aX + bY) = aT(X) + bT(Y)$

즉, 원점을 보존하는 등장변환은 선형변환이 된다.

증명 (1) 등장변환의 정의$(*)$에 $Y = O$를 대입하면 (1)을 얻는다.

(2) 또, 등장변환 정의$(*)$의 양변을 제곱하면

$$\| T(X) \|^2 - 2T(X) \circ T(Y) + \| T(Y) \|^2 = \| X \|^2 - 2X \circ Y + \| Y \|^2$$

따라서 (1)이 성립한다면, (2)를 얻는다.

(3) 모든 $Z \in R^n$에 대하여 (좌변)을 앞과 같이 계산하면 (1)과 (2)에 따라

$$\| T(Z) - [aT(X) + bT(Y)] \|^2 = \| Z - [aX + bY] \|^2$$

(계산 생략). 여기에 $Z \mapsto aX + bY$를 대입하면 (3)을 얻는다. ■

정리

$$T: R^n \to R^n \text{ 가 } T(X) = AX$$

로 주어진 변환이 **등장변환**일 필요충분조건은

$$A^TA = I \ (\text{즉, } A \ \textbf{직교행렬})$$

증명 T가 등장변환이면,

$$\begin{aligned} X \circ Y = T(X) \circ T(Y) &= AX \circ AY \\ &= A^TAX \circ Y \end{aligned}$$

즉, 모든 $X \in R^n$에 대하여 $A^TAX = X$이므로 $A^TA = I$

역으로 $A^TA = I$이라면 모든 $X \in R^n$에 대하여

$$\begin{aligned} \|X\|^2 = X \circ X &= (A^TA)X \circ X \\ &= AX \circ AX = \|AX\|^2 \end{aligned}$$

즉, $\|X\| = \|AX\|$. 따라서

$$\begin{aligned} \|T(X) - T(Y)\| &= \|AX - AY\| = \|A(X-Y)\| \\ &= \|X - Y\| \end{aligned}$$

■

선형변환의 연속성 부등식

선형변환 $L: R^2 \to R^2$, $L(X) = AX = \begin{pmatrix} a_{11} & a_{12} \\ a_{21} & a_{22} \end{pmatrix}\begin{pmatrix} x \\ y \end{pmatrix}$에 대하여

$$\begin{aligned} \| L(X) \| &= \sqrt{(a_{11}x + a_{12}y)^2 + (a_{21}x + a_{22}y)^2} \\ &\le \sqrt{(a_{11}^2 + a_{12}^2)(x^2 + y^2) + (a_{21}^2 + a_{22}^2)(x^2 + y^2)} \\ &= \sqrt{\left(\sum_{j=1}^{2}\sum_{i=1}^{2} a_{ij}^2\right)} \sqrt{x^2 + y^2} \end{aligned}$$

이를테면 $\| \cdot \|$는 유클리드 크기일 때, 선형변환 $T: R^2 \to R^2$,

$$T(X) = AX, \ A = \begin{pmatrix} \sqrt{2}+1 & 1 \\ 0 & \sqrt{2} \end{pmatrix}$$

로 주어진 선형변환 T에 대하여

$$\| T(X) \| \le M \| X \|, \ M = \sqrt{6 + 2\sqrt{2}}$$

일반화하면, 선형변환 $T: R^n \to R^m$의 연속성을 포함하는 부등식은 다음과 같다.

정리 *Peano*, 1888

$X \in R^n$, $A = (a_{ij}) \in M_{m,n}$에 대하여

$$\| AX \| \le M \| X \|, \text{ 여기서 } M = \sqrt{\sum_{j=1}^{m}\sum_{i=1}^{n} {a_{ij}}^2}$$

선형변환 $T: R^n \to R^m$

(1) 원점 O에서 연속

(2) 모든 점 $X \in R^n$에서 연속

임을 형식화하기 편리한 부등식이라 할 수 있다.

부록 2

알아두기

기호표현 목록

$A \in M_{m\times n}$, $B \in M_{n\times p}$일 때 $A_i = Row_i A$, $B^j = Col_j B$로 쓰면

$$AB = \begin{pmatrix} A_1B^1 & A_1B^2 & \cdots & A_1B^p \\ A_2B^1 & A_2B^2 & \cdots & A_2B^p \\ \vdots & \vdots & \ddots & \vdots \\ A_mB^1 & A_mB^2 & \cdots & A_mB^p \end{pmatrix}$$

$$AB = (AB^1, \cdots, AB^p),\ AB^j \in M_{m\times 1},\ \text{즉 열벡터}$$

$$AB = \begin{pmatrix} A_1B \\ \vdots \\ \vdots \\ A_mB \end{pmatrix},\ A_iB \in M_{1\times p},\ \text{즉 행벡터}$$

한편 $A \in M_{m\times n}$, $X \in M_{n\times 1}$일 때 $AX \in M_{m\times 1}$

$$AX = \begin{pmatrix} A_1X \\ \vdots \\ \vdots \\ A_mX \end{pmatrix},\ \text{특히 } X = \begin{pmatrix} x_1 \\ x_2 \\ \vdots \\ x_n \end{pmatrix}\text{으로 쓰면}$$

$$AX = x_1A^1 + \cdots + x_nA^n$$

n벡터 A, B에 대하여 내적은 $A \cdot B$는 $1\times n$ 행렬 A^T와 $n\times 1$ 행렬 B의 곱 A^TB과 같게 된다. 즉, $A \cdot B = A^TB$

$A \in M_{n\times 1}$ $B \in M_{n\times 1}$일 때

$$A \cdot B = A^TB \text{ 또는 } B^TA$$

$A \in M_{m\times n}$, $X \in M_{n\times 1}$, $Y \in M_{m\times 1}$일 때

$$AX \cdot Y = X \cdot A^TY$$

$m\times n$ 행렬 A, n벡터 V, m벡터 W에 대하여

$$W\cdot AV = W^T AV = (A^T W)^T V = A^T W\cdot V$$

이므로

$$W\cdot AV = A^T W\cdot V$$

벡터 외적

공간 R^3의 두 벡터의 외적으로 정의되는 제 3의 벡터는 그 정의의 유용성으로 물리, 공학등의 역학에서, 그리고 기하학에서도 매우 중요한 역할을 하는 공간벡터이다.

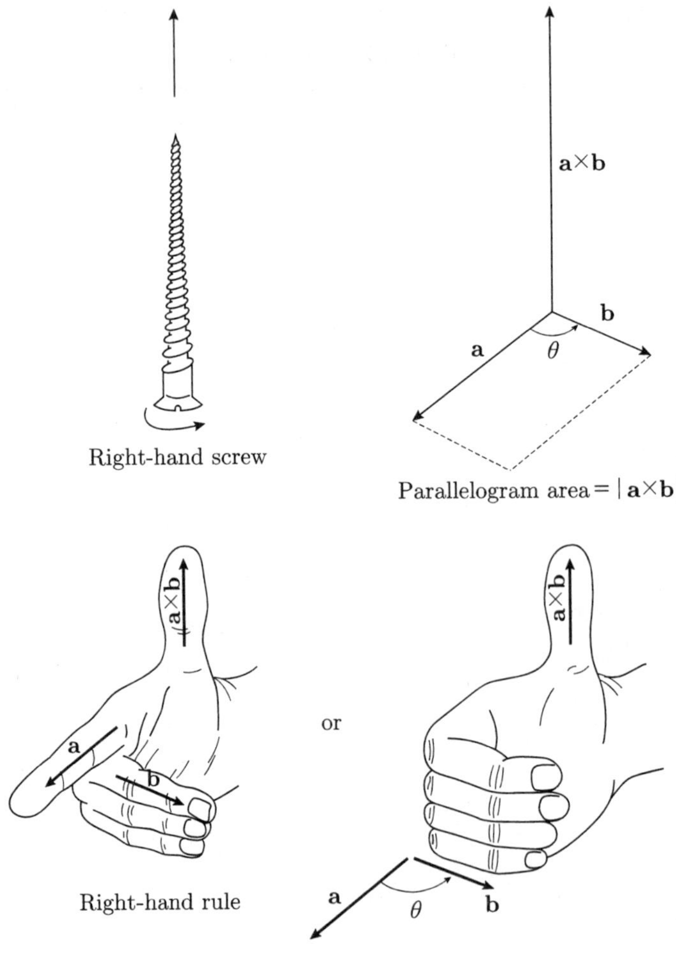

벡터의 외적은 다음과 같이 R^3 공간벡터에 대하여 정의한다. 평면 벡터에 대해서는 공간벡터로 보고 적용할 수 있다. 이를테면, $xi+yj$는 $xi+yj+0k$로 보고 계산한다.

정의 벡터의 외적 Outer Product

두 벡터 $A = a_1 i + a_2 j + a_3 k$, $B = b_1 i + b_2 j + b_3 k$에 대하여

$$A \times B = (a_2 b_3 - a_3 b_2) i + (a_3 b_1 - a_1 b_3) j + (a_1 b_2 - a_2 b_1) k$$

행렬식으로 다음 형태로 쓸 수 있음을 보이자.

$$A \times B = \begin{vmatrix} i & j & k \\ a_1 & a_2 & a_3 \\ b_1 & b_2 & b_3 \end{vmatrix}$$

(삼중적과 행렬식)

$$(\mathbf{a} \times \mathbf{b}) \cdot \mathbf{c} = \begin{vmatrix} a_1 & a_2 & a_3 \\ b_1 & b_2 & b_3 \\ c_1 & c_2 & c_3 \end{vmatrix}$$

$a \times b \cdot c$는 각 행이 a, b, c 순서로 된 3×3행렬식이다.[1)]

---

1) $\|\mathbf{a} \times \mathbf{b}\| = \|\mathbf{a}\| \|\mathbf{b}\| \sin r$(계산 생략) (a, b가 만든 평행사변형 넓이). 따라서 $(\mathbf{a} \times \mathbf{b}) \cdot \mathbf{c} = \|\mathbf{a} \times \mathbf{b}\| \|\mathbf{c}\| \cos \theta$는 a, b, c가 이룬 평행육면체 부피의 ±.

볼록도형

벡터 v에서 w를 잇는 **선분**은

$$\{t_1 v + t_2 w \mid t_1,\ t_2 \geq 0,\ t_1 + t_2 = 1\}$$

마찬가지로 앞의 내용을 생각하여, 그림으로부터 다음을 이해할 수 있다.

일차독립인 두 벡터 v, w가 이루는 **평행사변형**은

$$\{t_1 v + t_2 w \mid 0 \leq t_i \leq 1,\ \ i = 1, 2\}$$

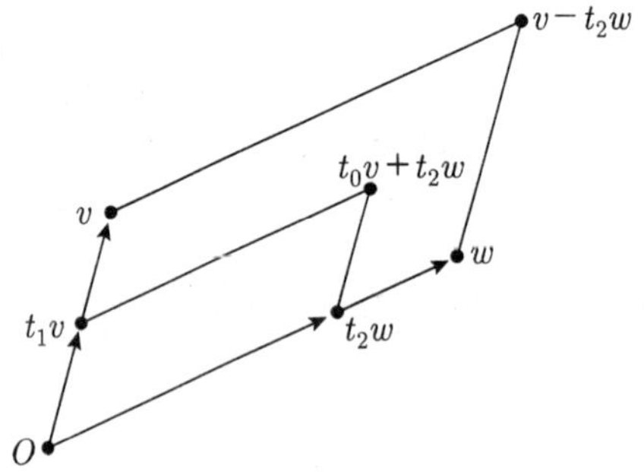

따라서 이것을 벡터 u 만큼 평행이동한 평행사변형은

$$\{u + t_1 v + t_2 w \mid 0 \leq t_i \leq 1,\ \ i = 1, 2\}$$

O, v, w가 이룬 **삼각형**은

$$\{t_1 v + t_2 w \mid \ 0 \le t_i \le 1,\ t_1 + t_2 \le 1\}$$

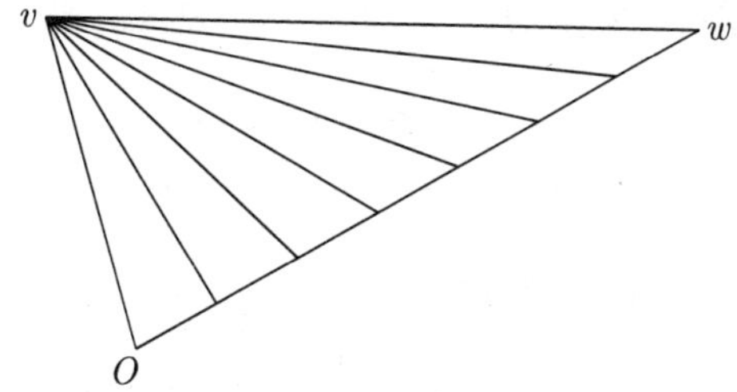

벡터 v_1, v_2, v_3를 꼭짓점으로 하는 삼각형은

$$\{t_1 v_1 + t_2 v_2 + t_3 v_3 \mid t_i \ge 0,\ t_1 + t_2 + t_3 = 1\}$$

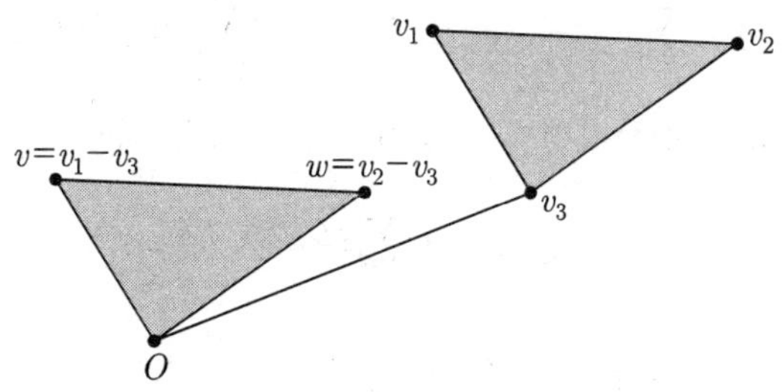

앞의 결과를 일반화하면, 다음 결과를 알 수 있다.

볼록다각형 벡터 P_1, $\cdots$, P_n을 꼭짓점으로 하는 도형 내의 점은 집합

$$S = \{t_1 P_1 + \cdots + t_n P_n \mid t_i \ge 0,\ t_1 + \cdots + t_n = 1\}$$

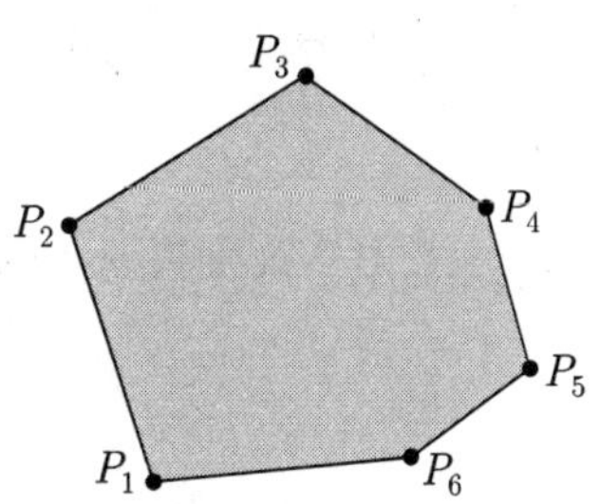

케일리-해밀턴 정리

(Cayley-Hamilton) 정사각행렬 A의 특성다항식 $P_A(x)$에 대하여

$$P_A(A) = O$$

증명 n차 정사각행렬 A에 대하여

$$A\, adj\, A = (det\, A)I$$

$A \mapsto (xI - A)$로 바꾸면

$$(xI - A)\, adj(xI - A) = P_A(x)\ I$$

이제 $P_A(x) = \sum_{k=0}^{n} a_k x^k$, $adj(xI - A) = \sum_{k=0}^{n} B_k x^k$로 쓰자. 여기서 a_k는 실수, B_k는 n차 정사각행렬이 된다. 이제 식을 다시 쓰면,

$$(xI - A)\sum_k B_k x^k = \left(\sum_k a_k x^k\right) I$$

즉, $\sum_k (B_{k-1} - AB_k)x^k = \sum_k (a_k I)x^k$

따라서 모든 k에 대해서 $B_{k-1} - AB_k = a_k I$, 따라서

$$\begin{aligned} P_A(A) &= \sum_k a_k A^k = \sum_k A^k (a_k I) \\ &= \sum_k A^k (B_{k-1} - AB_k) \\ &= \sum_k A^k B_{k-1} - \sum_k A^{k+1} B_k = O \end{aligned}$$ ■

특히 A가 서로 다른 고유값을 갖는 경우에 다음과 같이 *Cayley-Hamilton* 정리를 간단히 증명을 할 수 있다.

정리 *Cayley – Hamilton*
(A가 서로 다른 고유값을 갖는 경우)

$$P_n(A) = O$$

증명 $A \in M_n$의 서로 다른 고유값을 $\lambda_1, \cdots, \lambda_n$, 각각에 대응하는 고유벡터를 $X_1, \cdots, X_n$이라 하자. A의 특성다항식을

$$P_n(\lambda) = a_n\lambda^n + a_{n-1}\lambda^{n-1} + \cdots + a_1\lambda + a_0$$

로 쓰면, $P_n(A) = a_nA^n + a_{n-1}A^{n-1} + \cdots + a_1A + a_0I_n$이므로

$$\begin{aligned} P_n(A)X_i &= (a_nA^n + a_{n-1}A^{n-1} + \cdots + a_1A + a_0I_n)X_i \\ &= a_n(A^nX_i) + a_{n-1}(A^{n-1}X_i) + \cdots + a_1(AX_i) + a_0(I_nX_i) \end{aligned}$$

$A^kX_i = \lambda_i^kX_i \ (i = 1, 2, \cdots, n)$이므로

$$\begin{aligned} &= a_n(\lambda_i^nX_i) + a_{n-1}(\lambda_i^{n-1}X_i) + \cdots + a_1(\lambda_iX_i) + a_0X_i \\ &= (a_n\lambda_i^n + a_{n-1}\lambda_i^{n-1} + \cdots + a_1\lambda_i + a_0)X_i \\ &= P_n(\lambda_i)X_i = 0X_i = O \end{aligned}$$

이제 $X_1, \cdots, X_n$를 열벡터로 하는 행렬을 X라 하면, $P_n(A)X = O(\in M_n)$

서로 다른 고유값에 대응하는 고유벡터들은 일차독립이므로, 행렬 X의 열벡터들은 일차독립이므로 가역행렬이다. 그 역행렬 X^{-1}를 우변에 곱하면,

$$P_n(A) = OX^{-1} = O$$ ■

축회전 a rotation around axis

공간의 한 점 $P=(1, 1, 1)$을 잇는 동경 OP를 회전축으로 반시계방향으로 각 θ 만큼 회전시키는 회전변환 a rotation 을 나타내 보자.

축회전 개요 앞에서 배운 z축 둘레 회전을 이용하기 위하여 우선 회전축 OP를 다음과 같이 z축으로 옮긴다.

먼저 R_1(z축 둘레 $\frac{\pi}{4}$ 반시계방향 회전)에 대하여 R_1P는 yz 평면 상의 점 $(0, \sqrt{2}, 1)$이 되고, 이때 z축부터 점 R_1P까지의 각을 α로 쓰면

$$\sin\alpha=\sqrt{\frac{2}{3}}\ ,\ \cos\ \alpha=\sqrt{\frac{1}{3}}$$

이제 R_2(x축 둘레로 각 α 만큼 반시계 방향 회전)에 대하여 $R_2(R_1P)$는 z축상의 점이 되므로 원점 O와 점 $R_2(R_1P)$을 잇는 동경을 축 axis 으로 반시계방향으로 각 θ 만큼 회전을 R_3로 쓰면

$$R_3=\begin{pmatrix}\cos\theta & -\sin\theta & 0\\ \sin\theta & \cos\theta & 0\\ 0 & 0 & 1\end{pmatrix}$$

이고, 이것을 작용시킨 후 앞의 과정을 역순으로 복원하면 된다. 즉, R_θ를 구하는 회전변환이라 쓰면

$$R_\theta=R_1^{-1}R_2^{-1}R_3\ R_2\ R_1=(R_2R_1)^{-1}R_3(R_2R_1)$$

그런데

$$R_1=\frac{1}{\sqrt{2}}\begin{pmatrix}1 & -1 & 0\\ 1 & 1 & 0\\ 0 & 0 & \sqrt{2}\end{pmatrix}$$

$$R_2=\frac{1}{\sqrt{3}}\begin{pmatrix}\sqrt{3} & 0 & 0\\ 0 & 1 & -\sqrt{2}\\ 0 & \sqrt{2} & 1\end{pmatrix}$$

이므로 $$R_2R_1 = \frac{1}{\sqrt{6}}\begin{pmatrix} \sqrt{3} & -\sqrt{3} & 0 \\ 1 & 1 & -2 \\ \sqrt{2} & \sqrt{2} & \sqrt{2} \end{pmatrix}.$$

그런데 이것은 직교행렬 orthogonal matrix 이므로 그 역행렬 inverse matrix 은 전치행렬 transpose matrix 이다. 즉,

$$(R_2R_1)^{-1} = \frac{1}{\sqrt{6}}\begin{pmatrix} \sqrt{3} & 1 & \sqrt{2} \\ -\sqrt{3} & 1 & \sqrt{2} \\ 0 & -2 & \sqrt{2} \end{pmatrix}$$

따라서 정리하면 다음과 같다. (계산 생략)

$$R_\theta = \frac{1}{6}\begin{pmatrix} 4cos\theta+2 & -2cos\theta-2\sqrt{3}sin\theta+2 & -2cos\theta+2\sqrt{3}sin\theta+2 \\ -2cos\theta+2\sqrt{3}sin\theta+2 & 4cos\theta+2 & -2cos\theta-2\sqrt{3}sin\theta+2 \\ -2cos\theta-2\sqrt{3}sin\theta+2 & -2cos\theta+2\sqrt{3}sin\theta+2 & 4cos\theta+2 \end{pmatrix}$$

예제 동경 OP를 회전축으로 각 $\theta = 120°$ 회전변환은

$$R_{\frac{2\pi}{3}} = \begin{pmatrix} 0 & 0 & 1 \\ 1 & 0 & 0 \\ 0 & 1 & 0 \end{pmatrix}$$

이 되어, $i \mapsto j,\ j \mapsto k$ 그리고 $k \mapsto i$로 변환됨을 알 수 있다.

참고문헌

신항균 외 3인, 선형대수학과 응용, 경문사, 1998.

정재명 외 2인, 미적분학을 위한 벡터와 행렬, 서울대학교 출판부, 1995.

Anthony J. Pettofrezzo, Matrices and Tansformations, Dover, NY, 1978.

Klaus Jänich, Linear Algebra, Srpinger, NY, 1994.

Serge Lang, Linear Algebra(3rd *ed.*), Springer. NY, 1991.

School Mathematics Study Group, Introduction to Matrix Algebra, Yale Univ. 1961.

찾아보기

기타

행렬과 대수

지은이 석용징
펴낸이 조경희
펴낸곳 경문사
펴낸날 2017년 3월 2일 1판 1쇄
등 록 1979년 11월 9일 제313-1979-23호
주 소 04057, 서울특별시 마포구 와우산로 174
전 화 (02)332-2004 팩스 (02)336-5193
이메일 kyungmoon@kyungmoon.com
facebook facebook.com/kyungmoonsa

값 16,000원

ISBN 979-11-6073-011-1